本书为2022年度湖南省教育厅科学研究优秀青年社科项目"传统文化创造性转化视域下物律机制与当代思政结合研究（编号：22B0704）"成果。

本书为2021年度湖南文理学院校级博士科研启动项目"拉图尔行动者网络理论的机体哲学解读（编号：21BSQD40）"成果。

本书获白马湖优秀出版物出版资助。

中国社科

拉图尔行动者网络理论的机体哲学解读

陈 佳◎著

光明日报出版社

图书在版编目（CIP）数据

拉图尔行动者网络理论的机体哲学解读 / 陈佳著.
北京：光明日报出版社，2025.1. -- ISBN 978 - 7 - 5194 - 8463 - 7

Ⅰ.N02

中国国家版本馆 CIP 数据核字第 2025GP1346 号

拉图尔行动者网络理论的机体哲学解读
LATUER XINGDONGZHE WANGLUO LILUN DE JITI ZHEXUE JIEDU

著　　者：陈　佳	
责任编辑：刘兴华	责任校对：宋　悦　李海慧
封面设计：中联华文	责任印制：曹　净

出版发行：光明日报出版社
地　　址：北京市西城区永安路 106 号，100050
电　　话：010-63169890（咨询），010-63131930（邮购）
传　　真：010-63131930
网　　址：http://book.gmw.cn
E - mail：gmrbcbs@ gmw.cn
法律顾问：北京市兰台律师事务所龚柳方律师
印　　刷：三河市华东印刷有限公司
装　　订：三河市华东印刷有限公司
本书如有破损、缺页、装订错误，请与本社联系调换，电话：010-63131930

开　　本：170mm×240mm	
字　　数：184 千字	印　　张：12
版　　次：2025 年 1 月第 1 版	印　　次：2025 年 1 月第 1 次印刷
书　　号：ISBN 978 - 7 - 5194 - 8463 - 7	
定　　价：85.00 元	

版权所有　　翻印必究

序

布鲁诺·拉图尔等人提出的"行动者网络理论",近些年来在学术界产生的影响越来越大。这一理论在消除主客二元对立、身体与心灵对立、语言与事实对立方面,产生了深远影响。然而,行动者网络理论总体上看是对人类社会活动某一方面特征的现状及其运行机制的概括,对于"行动者网络"的存在和运行"何以可能"的问题,还有不少问题值得深入探讨。行动者网络理论中提到的"非人"的行动者的行动能力是从哪里来的?行动者为什么要结成网络来行动?"行动者网络"演化的内在动力是什么?对这些问题的解答,既能够开启对行动者网络理论、科学知识社会学和机体认识论等方面问题的新的研究思路,又有助于解决全球生态保护、工程安全等领域的重大现实问题。具有中国文化背景的机体哲学思想,能够为解决以上问题提供全面而深入的理论资源与研究工具。

机体哲学主要对各种机体的结构、作用及其演化规律进行哲学性的反思,而具有中国文化背景的机体哲学则着眼于各类机体的"生机"特性,由此形成了一个讨论各种机体之间关系的新视角。从这一视角研究行动者网络理论,一方面能够避免怀特海等学者的"泛机体论"倾向,更好地揭示"非人"行动者的机体特征;另一方面有助于用机体哲学的本体论、认识论和方法论分析行动者的互动模式、行动者的关系特征、行动者之间的协商机制等方面的具体问题,促进行动者网络理论研究的深化。

从机体哲学视角解读拉图尔的行动者网络理论,首先要回答的问题是:"非人"行动者的行动能力是从哪里来的?因为"非人"行动者只有具备行动能力,才能推导出行动者网络理论的后续内容。在拉图尔早期的研究中,他认为这种能力的实现主要借助于"代言"机制——通过人（尤其是科学家）代替"非人"行动者"发声"。随着研究的深入，拉图尔进一步提出，人是通过"铭写"机制——将脚本"铭刻"进了"非人"行动者之中——实现的这种能力。在机体哲学看来，以上解释的主要问题在于没有说明"非人"行动者的行动能力来源，即行动者具有"生机"。当人们建构各种"人工机体""社会机体""精神机体"这些非生命的机体时，已经将"生机"赋予这些机体，使之在各类机体相互作用时能够呈现为行动能力。"生机"机制在机体运行中可分为输入、输出和反馈三个阶段，这使得人们能够通过很小的"输入"改变机体结构，从而使机体具有新功能，其"输出"在机体关系中体现为更有价值的新的行动能力。

其次要回答的问题是：行动者为什么要结成网络来行动？在这里，研究视角从考察行动者个体特征扩展到行动者网络的整体特征。拉图尔认为行动者网络中的人和物都是对彼此开放的，两者在网络中流通并分享着彼此的属性，从而都具有"集体属性"。在机体哲学看来，这种回答还需要从"关系"角度进一步深入理解。行动者只有在网络的关系中才能够保持其特定属性，具备其行动能力，发挥其应有作用。网络不仅将行动者联系在一起，而且提供了行动者相互作用的途径和方式，使行动者的"生机"得以彰显。行动者构成的网络具有动态稳定性，行动者的行动因而得以持续。

最后，在厘清"非人"行动者的行动能力来源和行动者网络中各种"关系"价值的基础上，还需要从机体哲学角度重新审视行动者网络演化的动力机制。第三个需要回答的问题就是："行动者网络"演化的内在动力是什么？拉图尔提出"转译"和"纯化"是"行动者网络"演化的内在动力，从而造成了现代世界和"非现代"世界的区别。但"转译说"忽视了人对"非人"行动者在意向和责任上的转移，容易遭受"万物有灵论"的批评。在机体哲学看来，"行动者网络"演化的内在动力是人类将功能、意向和责任不断转移到"非人"行动者之中，由此带来各种"非人"行动者"生机"的不断增强。行动者的"生机"演化有积蓄和展开两个阶段：在积蓄阶段，人将自身的机体特性赋予"非人"的机体，主要体现为功能的转移；在"生机"展开阶段，被转移的机体特性大大增强，功能、意向和责任都开始在"非人"行动者身上凸显出来。

　　从机体哲学角度解读行动者网络理论，有助于更好地识别各种具体的行动者网络，揭示其中的基本关系特征，能够更好地提高行动者及其网络的生机与活力，根据其自身特点来进行管理。拉图尔运用行动者网络理论提出的"盖亚理论"，在研究人与自然关系方面开启了新思路，能够更好地促进人与"盖亚"和谐相处。从机体哲学出发，能够更好地弥补拉图尔"盖亚理论"中的不足，更深刻地理解"人与自然生命共同体"思想作为生态治理的中国方案的理论价值，为解决拉图尔所说的"物的议会"中存在的问题提供新的思路。

目 录
CONTENTS

第一章　绪论 …………………………………………………………… 1
　第一节　研究背景与意义 …………………………………………… 1
　　一、问题的提出 …………………………………………………… 1
　　二、研究的意义 …………………………………………………… 4
　第二节　国内外相关工作研究进展 ………………………………… 7
　　一、"行动者"的行动能力来源问题研究综述 ………………… 7
　　二、"行动者网络"的演化机制问题研究综述 ………………… 15
　　三、"行动者网络理论"的机体哲学研究路径综述 …………… 22
　　四、对拉图尔"非现代性"以及"盖亚"学说的研究综述 …… 24
　第三节　本书主要研究思路 ………………………………………… 32
　　一、研究思路 ……………………………………………………… 32
　　二、研究方法 ……………………………………………………… 33

第二章　理论基础和概念解析 ………………………………………… 34
　第一节　理论基础 …………………………………………………… 34
　　一、机体哲学的理论资源 ………………………………………… 34
　　二、科学知识社会学的研究背景 ………………………………… 39
　　三、行动者网络理论的研究成果 ………………………………… 41
　第二节　概念解析 …………………………………………………… 44
　　一、机体哲学视野中的"行动者" ……………………………… 44

二、机体哲学视野中的"行动者网络" ………………………… 47

第三章　"生机"——"非人"行动者行动能力的来源 ………… 51
第一节　拉图尔对行动能力来源的理解及评价 ……………… 51
　　一、从"代言"到"铭写" ………………………………… 52
　　二、对"铭写"机制的评价 ………………………………… 55
第二节　机体哲学视角的"非人"行动者行动能力 ………… 56
　　一、作为"前结构"和"前功能"的"生机" …………… 56
　　二、"生机"在"非人"行动者行动过程中的作用机制 …… 59
　　三、"生机"在"非人"行动者行动能力影响中的体现 …… 62
　本章小结 …………………………………………………………… 70

第四章　"行动者网络"——"生机"发挥作用的场所 ………… 72
第一节　拉图尔对"行动者网络"的理解及其评价 ………… 73
　　一、拉图尔对"行动者网络"的理解 …………………… 73
　　二、对拉图尔"行动者网络"理解的评价 ……………… 79
第二节　"生机"在"行动者网络"中的作用 ……………… 80
　　一、作为行动者存在前提的生机网络 …………………… 80
　　二、"行动者网络"中关系的动态稳定性 ……………… 85
　本章小结 …………………………………………………………… 87

第五章　机体哲学视角的"行动者网络"演化机制 ……………… 89
第一节　"转译说"的基本内容以及"非现代性" …………… 89
　　一、"转译"和"纯化"的关系 …………………………… 90
　　二、拉图尔的"非现代性" ………………………………… 93
　　三、对"转译说"以及"非现代性"的总体性评价 …… 95
第二节　分化、协同、整体性要求与"行动者网络"的演化 …… 99
　　一、分化与"行动者网络"的演化 ……………………… 99
　　二、协同与"行动者网络"的演化 ……………………… 104

三、整体性要求与"行动者网络"的演化 ………………………… 106
　　四、行动者网络演化中"危机"的化解 …………………………… 107
　本章小结 ……………………………………………………………… 112

第六章　从机体哲学视角解读行动者网络理论的实际意义 ……… 113
　第一节　对识别和评价"行动者网络"的意义 …………………… 113
　　一、拉图尔识别"行动者网络"的方法论及其评价 …………… 113
　　二、拉图尔评价"行动者网络"的标准 ………………………… 119
　　三、对"行动者网络"的生机与活力标准的评价 ……………… 127
　第二节　对提高"行动者网络"的生机与活力的意义 …………… 130
　　一、聚焦整体性、全局性的"生机" …………………………… 131
　　二、运用实践智慧，积极利用"生机" ………………………… 133
　　三、从机体特点出发开展动态评估与调整 ……………………… 136
　第三节　对促进与"盖亚"和平相处的意义 ……………………… 138
　　一、人类将成为盖亚的"自我意识" …………………………… 139
　　二、解决生态问题的关系伦理 …………………………………… 144
　　三、"物的议会"及相应的生态伦理对策 ……………………… 148
　本章小结 ……………………………………………………………… 158

第七章　结论与展望 ………………………………………………… 160
　第一节　结论 ………………………………………………………… 160
　第二节　创新点 ……………………………………………………… 161
　第三节　展望 ………………………………………………………… 163

参考文献 …………………………………………………………… 165
后　记 ……………………………………………………………… 179

第一章 绪论

第一节 研究背景与意义

一、问题的提出

在对科学理论和科学实践的哲学反思中,有两条重要的哲学路径,分别是以维也纳学派为代表的逻辑实证主义和以卡尔·波普尔(Karl Popper)为代表的证伪主义。尽管逻辑实证主义和证伪主义在一些问题上存在较大的差异和分歧,但是逻辑实证主义和证伪主义都认为,"科学之所以成为科学,其特征在于理论和数据之间具有形式的关系"①,只不过分歧和差异主要在于他们认为这种形式的关系是基于经验数据对科学理论的一种理性建构,还是基于经验数据对观念学说的否定。最先提出反对这两种理解的学者是库恩(Thomas Kuhn),他在《科学革命的结构》一书中首次明确提出了"范式"这一概念。"范式"指的是特定的"科学共同体"从事某一类科学活动所必须遵循的公认"模式",它包括共有的世界观、基本理论、范例、方法、手段、标准等与科学研究有关的所有要素。在库恩的理解中,范式被用来作为预先已经设定好的框架而直接限定了我们的所见所思,"科学革命"的含义实

---

① 西斯蒙多. 科学技术学导论 [M]. 许为民,孟强,崔海灵,等译. 上海:上海世纪出版集团,2007:7.

质上就是"范式转换"——从旧有的范式向另一个新范式方向转换。在库恩之后，一些科学哲学家继续对传统的科学观发起一系列挑战，其中最著名的一个学派就是20世纪70年代的爱丁堡学派，他们提出强纲领和"利益解释"模型，认为科学知识本质上是由社会建构或存在决定的，由此形成了"科学知识社会学"（Sociology of Scientific Knowledge，SSK）研究的浪潮。虽然科学知识社会学对逻辑实证主义和证伪主义为代表的传统科学观发起了挑战并取得了一系列成果，但它自身也有很大的缺陷。自康德提出"人为自然立法"后，科学哲学的探讨和研究几乎都是沿着主客二分这一基本思想的路径和线索进行的，如果用康德划分的"自然"与"社会"两极来看，逻辑实证主义往往更倾向于从"自然"一极来解释科学理论，而社会建构主义则倾向于从"社会"一极来诠释科学理论。①

法国哲学家布鲁诺·拉图尔（Bruno Latour）致力于改变这种二元对立的局面，他的行动者网络理论（Actor-Network Theory，ANT）认为社会和自然界中的一切都存在于不断变化的关系网络中，并认为在这些关系之外不存在其他任何东西。行动者网络理论还认为社会情境中所涉及的所有因素都处于同一层面。除了网络中行动者的互动内容和方式之外，没有任何外在的社会力量。因此，"非人"行动者如物体、思想等在创造社会情境中与人类一样重要。行动者网络理论批判社会学家经常引用的"社会力量"，认为这种力量本身并不存在，并且不能用来解释社会现象。相反，严格的实证分析应该被用来"描述"而不是"解释"社会活动。从广义上说，行动者网络理论是一种建构主义方法，因为它避免了对事件或一些新鲜事物的本质主义解释，换句话说，行动者网络理论通过理解行动者的相互作用来解释网络的成功建构。此外，行动者网络理论也是一种分析工具，它帮助学者对一些术语背后未经检验的假设保持谨慎而非无条件接受的态度。

行动者网络理论的提出具有多方面的重要价值。一是打破了认识论中长期存在的"社会"与"自然"二极对立的局面，将行动者网络中人与"非

---

① 郭明哲. 行动者网络理论（ANT）：布鲁诺·拉图尔（Bruno Latour）科学哲学研究[D]. 上海：复旦大学，2008.

人"行动者置于同等的地位,这一思路引起了很多哲学家和研究者的共鸣,并在20世纪90年代对哲学界造成了重要影响。二是拉图尔将过程思维带到了科学研究当中。行动者网络理论要去研究"正在形成"而非"已经形成"的科学,因为所有科学知识的研究都是一个人与"非人"行动者之间互动建构的过程,而非一个静止地等待科学精英们发现的过程。三是行动者网络理论拓宽了科学社会学研究的视野。在行动者网络理论看来,从事科学的行动者是在网络环境中的一切行动者,既包括网络环境中的所有人类行动者,也包括实验室中诸如实验设备等"非人"行动者。其中,人类行动者不仅指实验室中的科学家,也包括实验室以外的其他人,如科学活动的出资人、科学刊物的出版人等。因此,必须将科学社会学研究的视野扩展到行动者网络覆盖的所有范围,而非仅仅停留在实验室中。

然而,从行动者网络理论总体上看,该理论仍然是对人类社会活动某一方面特征的现状及其运行机制的概括,而对于"行动者网络"的存在和运行"何以可能"的问题,还有不少问题值得深入探讨。行动者网络理论中提到的"非人"行动者的行动能力是从哪里来的?行动者为什么要结成网络来行动?"行动者网络"演化的内在动力是什么?这些问题在拉图尔的行动者网络理论那里没有得到彻底的解答。究其根本原因,是行动者网络理论并没有深入探讨行动者(尤其是"非人"行动者)的机体特性。此外,行动者网络理论针对全球生态安全、科学民主化等重大现实问题,提出了"物的议会"的解决方案,但"物的议会"在实施过程中,却面临着"代表性"和"现实有效性"等问题。要回答并解决以上行动者网络理论面临的理论和现实问题,也需要采用机体哲学的视角。这里所说的机体哲学,不局限于莱布尼茨、柏格森、怀特海和汉斯·尤纳斯等人的机体哲学,而是更注重一种以"生机"为逻辑起点的有中国文化特色的机体哲学。本书是以中国文化为背景的机体哲学思想为理论出发点,着重分析行动者行动能力的来源、行动者网络中蕴含的关系特征、行动者网络演化的内在动力等问题。

二、研究的意义

（一）理论意义

从机体哲学角度对"行动者网络理论"进行解读，在理论上的意义是多方面的。

第一，能够开启对"行动者网络理论"研究的新思路。一方面，有助于将"非人"行动者真正地当成"机体"来对待分析，全面地分析"非人"行动者蕴含的"生机"等机体特征。另一方面，有助于运用行动者网络理论深入分析机体之间的有机联系。行动者网络理论主要基于人类学方法把握机体之间的有机联系，但要正确认识各种机体中的有机联系，还需要考察机体的类型、层次、演化机制、相互作用方式。机体哲学研究为研究这些问题提供了统一的理论框架，有助于行动者网络理论在认识论方面的进一步深化，以便更好地识别行动者网络的关系特征，寻求更好地提升网络生机与活力的途径和措施。此外，拉图尔近十几年运用行动者网络理论，研究全球的生态危机治理，系统地提出了自己的"盖亚学说"。本书以中国文化背景的机体哲学思想为理论的出发点，能够进一步揭示行动者网络理论在研究生态治理方面的价值，分析其局限性和进一步发展的可能性。

第二，能够拓宽科学知识社会学的研究视域。科学知识社会学侧重于通过"社会"来理解现有的科学知识及其建构过程。从机体哲学角度来讲，科学知识社会学着眼于考察"社会机体"对其他机体的影响，并没有充分考察人工物、思想观念等事物的机体性质，致使在理论上出现了"具有能动性的社会机体"影响"被动的人工机体"的解读。本书的研究从宏观层面上来讲，能够促使科学知识社会学更加重视"社会机体"和"人工机体"的机体特征及其相互关系，更好地研究科学知识和政治、经济、文化等宏观社会变量之间的互动模式；在微观层面上，能够更好地促进相关学者视野的转换，真正地看到"社会机体"同其他机体之间的具体的交互影响，从而更好地认识和考察科学知识建构过程中各种社会因素的作用。

第三，能够促进机体哲学研究的深入。机体哲学将人工物当成"机体"来研究的传统源远流长，如19世纪后期德国技术哲学家卡普的"器官投影"

说（认为人类在制造工具和其他物体时通常使它们与人体有结构上和功能上的相似性）、马克思的"器官延长"说（认为工具是人体器官的延长），以及20世纪的德国哲学家盖伦提出的"器官代替"和"器官强化"哲学理论（认为技术的本质特征是实现减轻并代替人体器官功能）。西方近现代机体哲学也曾从机体哲学的角度描述和探讨事物的存在方式，如莱布尼茨的"单子"论（认为单子是能动的、不能分割的精神实体，是构成事物的基础和最后单位。单子是独立的、封闭的，然而它们通过神彼此互相发生作用，并且其中每个单子都反映着、代表着整个的世界）和怀特海的"机体哲学"（主张把自然界理解为活生生的、赋有生命的创造进化过程，理解为众多有机事件的综合或有机的联系）。但是机体哲学尚未在影响社会科学和人文科学的重大研究领域的范式上起到主导作用，一个可能的原因是机体哲学在深入阐释各类"机体"特征和相互关系方面还存在问题。例如，怀特海以"结构"作为机体的主要特征，虽然能够揭示机体的特征，但是不能有效地将"机体"与"非机体"区分开来，这导致一些学者难以认同机体哲学的研究视角。拉图尔从社会学和人类学视角对"行动者网络"理论的研究，为机体哲学的发展提供了大量生动案例和富有启发性的观点。从机体哲学角度对"行动者网络"进行解读，本身也将有利于推动机体哲学开启新的研究空间，扩大其学术影响，进而更加深刻地揭示当代科学技术与社会之间的互动关系，促进社会科学和人文科学的深入发展。

（二）现实意义

拉图尔运用行动者网络理论关注的现实问题有很多，其中有两个非常重要的主题：科学知识的民主化与生态环境保护。这两个主题涉及两个世界重大课题——高新技术带来的伦理挑战的应对和生态危机问题的解决。有效解决这两个现实课题，也将促进我国更有效地制定和实施创新驱动发展战略，更好地推进我国的生态文明与社会文明建设，而本书研究对有效地解决这两个现实的问题将会起到相应的作用。

一方面，从机体哲学角度解读行动者网络理论，有助于应对高新技术带来的伦理挑战。行动者网络理论重要的现实意义之一，就是揭示了人工物中蕴含的"脚本"对人的行为的影响，这使得伦理学家更加重视从高新技术的创新源头上对伦理问题进行讨论，制定出符合当代高新技术发展趋势的伦理原则和道德规范。同时，当前高新技术也带来了一系列伦理上的难题，如大数据的隐私保护、基因编辑、代孕合法性等，这些都迫切需要出台相关的伦理原则和道德规范。当前，许多欧美国家都在注意运用伦理规约、负责任创新等手段，在源头上促进设计者将"责任"因素"嵌入"人工物，从而使技术人工物在使用过程中对人的决策和行为产生道德意义上的引导和规范作用。国外这些相关经验值得我国积极吸收和借鉴，以便更好地应对高新技术带来的伦理挑战。本书的研究有助于伦理学家、政府管理人员和企业家更加重视人工物的机体特征（如人工物的寿命、人工物的演化等），推动用于规范技术创新的更加周全的伦理原则和道德规范出台，鼓励企业生产出性能更强、安全程度更高的产品，促进高校开展更符合高新技术特点的科技伦理教育，从而推进整个社会的可持续发展进程。

另一方面，从机体哲学角度解读行动者网络理论，有助于促进人与自然和谐相处。拉图尔认为，解决全球生态问题的关键在于解决"非人"行动者长期缺乏代表性的问题。为此，拉图尔提出必须建立一种人与"非人"行动者的对话协商机制，"物的议会"就是拉图尔实施这一机制的具体方案。在机体哲学看来，倡导并实施人与"非人"行动者的协商机制是十分必要的，但要真正加以落实，还需要倡导不同类型机体之间、机体内部整体和部分之间贯彻公平与正义原则，否则难以取得实质性效果。全球生态治理还存在着"零和博弈"的旧秩序，具体来说就是发达国家和发展中国家在生态治理中权利与义务不平等，不同发展程度的国家之间难以通过谈判和协商在生态治理中达成共识。从机体哲学角度解读行动者网络理论，有助于更深刻地理解我国提出的"人与自然生命共同体"方案中提倡的"合作共赢"理念，改善旧有的"零和博弈"治理格局，为全球生态治理提供重要参考。

第二节 国内外相关工作研究进展

一、"行动者"的行动能力来源问题研究综述

（一）国外研究综述

西方学界对"非人"行动者行动能力研究主要集中在五个方向：一是"非人"行动者行动能力的实现路径及对人的影响；二是从 SSK、后 SSK 以及技术现象学角度对行动者网络理论"非人"行动者行动能力观念进行讨论和反思；三是将行动者网络理论与其他学科对能动性的理解进行比较讨论；四是阐述"非人"行动者行动能力的理论意义；五是结合"行动能力"的概念进行具体的案例研究。

在第一个研究方向上，荷兰著名哲学家彼得-保罗·维贝克（Peter-Paul Verbeek）在《将技术道德化：理解与设计物的道德》（*Moralizing Technology: Understanding and Designing the Morality of Things*）一书中，将拉图尔与唐·伊德（Don Ihde）关于技术调节的思想和观点进行了比较，认为拉图尔的行动者网络理论主要从存在论角度关注"非人"行动者的行动能力对人的行为的直接影响，唐·伊德则从技术现象学角度关注"非人"行动者行动能力如何影响人的认知。[1] 加拿大技术哲学家安德鲁·芬伯格（Andrew Feenberg）从技术哲学的角度，支持拉图尔"非人"行动者行动能力对人的影响的论述，并在其著作《可选择的现代性》中赞同拉图尔阐述的人为"非人"行动者"代言"（delegation）这一概念。[2] 芬伯格虽然认同技术的进步和发展主要是由技术标准和社会标准共同影响而决定的，但并不支持拉图尔提出的人与"非人"行动者对称的看法。新西兰奥克兰大学教授埃德文·塞耶斯（Edwin

---

[1] VERBEEK P P. Moralizing Technology: Understanding and Designing the Morality of Things [M]. Chicago: University of Chicago Press, 2011: 196.

[2] 芬伯格. 可选择的现代性 [M]. 陆俊, 严耕, 等译. 北京: 中国社会科学出版社, 2003: 99.

Sayes)在《行动者网络理论与方法论:"非人"行动者有行动能力意味着什么?》(Actor-Network Theory and Methodology: Just What Does It Mean to Say That Nonhumans Have Agency?)一文中,集中讨论了"非人"行动者及其行动能力。[1] 他通过研究拉图尔在著作中对"非人"行动者的使用,将"非人"行动者分为四类:人类社会的构成者、转译者、"道德物化"者以及聚集时间和空间的集合体。塞耶斯还进一步认为,拉图尔企图使用"行动能力"的概念来取消人与"非人"行动者的区别,但从拉图尔使用这一概念的情况上来看达不到这样的目的,因为拉图尔无法准确地使用这个概念描述"非人"行动者的确切地位、性质、作用和意义。

第二个研究方向是对行动者网络理论"非人"行动者行动能力观念的讨论和反思。20 世纪 90 年代,拉图尔与其他学者就"非人"行动者行动能力观念、广义对称性等问题爆发了两场论战。第一场论战爆发在拉图尔与英国社会学家大卫·布鲁尔(David Bloor)之间,他们先后在《科学史和科学哲学研究》上发表文章,就科学哲学研究该坚持哪一种对称性、是否坚持二元对立模式展开讨论。第二场是关于"认识论的鸡"的争论。英国社会学家哈里·柯林斯(Harry Collins)和斯蒂文·耶尔莱(Steven Yearley)在《认识论的鸡》一文中质疑拉图尔对"非人"行动者行动能力观念的描述,他们认为法国社会学家米歇尔·卡龙(Michel Callon)和拉图尔在一些文章中引用的案例是荒谬的,如扇贝和自动门等是违反事实的,并且关于人赋予"非人"行动者行动能力的理解不成立。其理由是拉图尔及其法国学派并非技术专家,不具有话语权,其著作只能算作"社会学的散文"。另外,他们认为,由于错误抢夺科学家的话语权,拉图尔难以区分"人类行动"与"事实行为"。[2] 卡龙和拉图尔合著的《不要借巴斯之水泼掉婴儿》对柯林斯和耶尔莱的质疑给

---

[1] SAYES E. Actor-Network Theory and Methodology: Just What Does It Mean to Say That Nonhumans Have Agency? [J]. Social Studies of Science, 2014, 44 (1): 134-149.
[2] COLLINS H, YEARLEY S. Epistemological Chicken [M] //PICKERING A. Science as Practice and Culture. Chicago: The University of Chicago Press, 1992: 427-428.

予了回应和解释。① 但质疑并未就此停息,在此之后威尔士大学教授乔纳森·默多克(Jonathan Murdoch)先后写了两篇文章表达了对行动者网络理论的质疑,其中一篇文章名为《非人性/非人类/人类:行为者网络理论与自然和社会的非二元对称视角》(Inhuman/Nonhuman/Human: Actor-network Theory and the Prospects for a Nondualistic and Symmetrical Perspective on Nature and Society)。② 在这篇文章中,默多克认为卡龙和拉图尔想要拒绝人类和"非人"行动者之间的任何定性区别,并表明人类和"非人"行动者的行为方式相似,因为行动取决于网络中建立的关系。然而,"拟客体"在异质网络中增殖的同时,网络中的复杂性也在增加,但行动者网络理论显然没有做好解释复杂性的准备。在另外一篇文章《行动者网络理论的空间》(The Spaces of Actor-Network Theory)中,③ 默多克认为行动者构成的网络并非均质的,因为网络中远程控制和自治的程度是不同的,据此他将行动者网络的所有空间划分为两种不同的组成部分——"惯例空间"(spaces of prescription)和"协商空间"(spaces of negotiation)。前一个空间被主要的行动者牢牢掌控,缺乏自治;而后者则相反,行动者之间有很大的协商空间,这间接地说明了不同行动者的能动性是有差别的。此外,荷兰学者迪克·派尔斯(Dick Pels)的《对称性的政治学》(The Politics of Symmetry)、④ 美国社会学家马克·彼得·琼斯(Mark Peter Jones)的《后人类行动者:在理论性传统之间》(Posthuman Agency: Between Theoretical Traditions)也分别从政治学、人类学的角度表达了对"非人"行动者行动能力观念的质疑以及他们对"非人"行

---

① CALLON M, LATOUR B. Don't Throw the Baby Out with the Bath School! A Reply to Collins and Yearley [M]//PICKERING A. Science as Practice and Culture. Chicago: The University of Chicago Press, 1992: 343-368.

② MURDOCH J. Inhuman/Nonhuman/Human: Actor-Network Theory and the Prospects for a Nondualistic and Symmetrical Perspective on Nature and Society [J]. Environment and Planning D: Society and Space, 1997, 15 (6): 731-756.

③ MURDOCH J. The Spaces of Actor-Network Theory [J]. Geoforum, 1998, 29 (4): 357-374.

④ PELS D. The Politics of Symmetry [J]. Social Studies of Science, 1996, 14 (3): 277-304.

动者行动能力的理解。①

第三个研究方向是将行动者网络理论与其他学科对能动性的理解进行比较。美国哲学家格雷厄姆·哈曼（Graham Harman）在其专著《王子与狼》（*The Prince and the Wolf*）中认为行动者网络理论贯彻了中世纪神学所提倡的"偶因论"的原则。因为拉图尔认为行动者之间的关系的建立并不依靠"上帝"等神秘的中介，而是通过第三方行动者在行动过程中的偶然性产生的，这种关系的建立并不具有必然性。在随后的一场拉图尔和哈曼的公开讨论中，拉图尔部分认同了哈曼"偶因论"的结论：行动者网络中行动者性质的确立和关系的建立归因于第三方行动者，但拉图尔认为这种关系的建立不是偶然的，而是实际上有"指向"的。② 威特沃特斯兰德大学教授希尔顿·怀特（Hylton White）在《物质性、形式和语境：马克思反对拉图尔》（*Materiality, Form, and Context: Marx contra Latour*）一文中，将马克思与拉图尔对"行动能力"的观点进行了比较。③ 他认为拉图尔从根本上误解了马克思分析的对象，因为在马克思的描述中，商品拜物教不是意识形态的投射，而是历史上特定的存在形式。唯物主义批评的重点不在于论证"非人"行动者的行动能力，而在于考察生产力与生产关系的联系，这些联系构成了行动能力的可能性。马克思对"商品拜物教"的分析，为分析"非人"行动者行动能力建立的条件提供了丰富的资源。

第四个研究方向是阐述"非人"行动者行动能力的理论意义。英国阿尔斯特大学教授伊恩·萨默维尔（Ian Somerville）在《行动能力与身份：行动者网络理论与公共关系》（*Agency versus Identity: Actor-Network Theory Meets Public Relations*）一文中认为，"行动能力"的概念提供了另一种"现代"的视角，从这个角度可以探讨实体或行动者如何通过转译过程影响其他行动者。

---

① JONES M P. Posthuman Agency: Between Theoretical Traditions [J]. Sociological Theory, 1996 (10): 290-309.
② LATOUR B, HARMAN G, ERDÉLYI P. The Prince and the Wolf: Latour and Harman at the LSE [M]. Winchester: Zero Books, 2011: 44.
③ WHITE H. Materiality, Form, and Context: Marx contra Latour [J]. Victorian Studies, 2013, 55 (4): 667-682.

因此，行动者网络理论作为一种元理论地位和方法论方法，为现有的公共关系理论提供了一种不可忽视的选择。[1] 瑞士卢塞恩大学社会学教授索菲·穆泽尔（Sophie Mützel）将行动者网络理论与"关系社会学"（Relational Sociology）进行了比较。他在《作为文化构成过程的网络：关系社会学与行动者网络理论之比较》（*Networks as Culturally Constituted Processes：A Comparison of Relational Sociology and Actor-Network Theory*）中提出，行动者网络理论与关系社会学都将文化构成视为一个网络化的过程，但这两个理论对行动主体的类型以及行动主体的意义存在较大分歧。[2] 拉夫堡大学社会学系教授戴夫·埃尔德-瓦斯（Dave Elder-Vass）将行动者网络理论与"批判实在论"（critical realism）进行了比较。在《在行动者网络理论中寻求实在论、结构和能动性》（*Searching for Realism，Structure and Agency in Actor Network Theory*）一文中，埃尔德-瓦斯认为拉图尔强调"非人"行动者的能动性，并且用人与"非人"行动者之间混合的网络代替了社会学强调的结构化空间。这种做法强调了"非人"行动者对人类社会的稳定以及人与人的互动发挥了重要作用，但是这种做法也有其明显的不足，因为它忽视了人类作为特殊的主体对社会结构的影响，而批判现实主义则能弥补这方面的缺陷。因为批判现实主义不是简单地强调人与"非人"行动者的对称性，而是强调这两类行动者共同拥有的"因果权力"（casual power），而特定的因果权力则取决于每类行动者的内在结构和机制。[3] 瑞士祖里奇大学教授迈克尔·古根海姆（Michael Guggenheim）和德国锡根大学教授约格·波塔斯（Jörg Potthast）将行动者网络理论与法国学者社会学家吕克·博尔坦斯基（Luc Boltanski）的"实用主义社会学"进行了比较。[4] 古根海姆和波塔斯在《对称孪生：论行动者网络理论与批判能力社会

---

[1] SOMERVILLE I. Agency versus Identity：Actor - Network Theory Meets Public Relations [J]. Corporate Communications：An International Journal，1999，4（1）：6-13.

[2] MÜTZEL S. Networks as Culturally Constituted Processes：A Comparison of Relational Sociology and Actor-Network Theory [J]. Current Sociology，2009，57（6）：871-887.

[3] ELDER - VASS D. Searching for Realism，Structure and Agency in Actor Network Theory [J]. British Journal of Sociology，2010，59（3）：455-473.

[4] GUGGENHEIM M，POTTHAST J. Symmetrical Twins：On the Relationship between Actor-Network Theory and the Sociology of Critical Capacities [J]. European Journal of Social Theory，2012，15（2）：157-178.

学的关系》(Symmetrical Twins: On the Relationship between Actor-Network Theory and the Sociology of Critical Capacities) 中指出,拉图尔认为社会学家通过赋予自己"仲裁者"的角色来不对称地分析冲突,只有真正做到了对称性才能公平对待有争议的对象,并且拉图尔所强调的对称性是要处理西方现代性二分法的不足,如真/假和自然/文化等的对立,因此拉图尔强调了"非人"行动者具有和人类同样的能动性。

第五个研究方向是结合行动者网络理论及其"行动能力"的概念进行具体的案例研究。英国牛津大学教授莎拉·沃特莫(Sarah Whatmore)和英国学者洛林·索恩(Lorraine Thorne)运用行动者网络理论做过不同的大象生存圈的比较研究。[1] 研究结果表明,在动物园和动物保护区两个不同的生活圈生活的大象会表现出不同的行为,因为这两个生活圈有不同的空间环境,与人类有不同层次的互动,大象的"行动能力"的强弱及其表现方式是不同的,这证明作为"非人"行动者的大象并没有某种固定的本质或者特征。韩国成均馆大学学者永云心(SHIM Yongwoon)和唐申(SHIN Dong-Hee)运用行动者网络理论对中国的金融科技产业进行了分析。[2] 他们在《从行动者网络理论看中国的金融科技产业》(Analyzing Chinese Fintech Industry from the Perspective of Actor-Network Theory)一文中指出,中国的金融科技产业、中国网络技术以及中国政府的政策这三者紧密相关。曼彻斯特大学数字发展系主任理查德·赫克斯(Richard Heeks)运用行动者网络理论关注了发展中国家技术变革问题。[3] 他在《发展中国家的技术变革:运用行动者网络理论打开过程黑箱》(Technological Change in Developing Countries: Opening the Black Box of Process Using Actor-Network Theory)一文中,将行动者网络理论应用于斯里兰卡公共部门技术变革的案例研究。

---

[1] WHATMORE S, THORNE L. Elephants on the Move: Spatial Formations of Wildlife Exchange [J]. Environment and Planning D: Society and Space, 2000, 18 (2): 185-203.
[2] SHIM Y, SHIN D H. Analyzing China's Fintech Industry from the Perspective of Actor-Network Theory [J]. Telecommunications Policy, 2016, 40 (2-3): 168-181.
[3] HEEKS R, STANFORTH C. Technological Change in Developing Countries: Opening the Black Box of Process Using Actor-Network Theory [J]. Development Studies Research, 2015, 2 (1): 33-50.

(二) 国内研究综述

我国有关行动者网络理论中"非人"行动者行动能力的研究，大致可以分为三个方向：一是对"非人"行动者行动能力的观念进行介绍和评价；二是将行动者网络理论与其他哲学派别对"非人"行动者行动能力的不同理解进行比较；三是探讨行动者的行动能力与"技科学"（techno-science）之间的关系。我国学者对该问题的研究大多处于介绍、评价和理论比较研究阶段，但也为这一问题的哲学分析打下了重要的基础。

第一个研究方向是介绍性、评价性研究。郭明哲的博士论文《行动者网络理论（ANT）：布鲁诺·拉图尔科学哲学研究》就行动者网络理论的相关核心概念如"行动者""转译"等概念进行了界定并介绍了其理论构建过程。[①] 左璜在《"技术人造物"的本质回归》一文中详细介绍了拉图尔"技术中介"理论，该理论认为技术人工物对人的行为上的影响主要有四种不同的"中介"形式，即"干扰"（interference）、"合成"（composition）、"解封黑箱"（black unboxing）与"授权"（delegation）。[②] 张卫、王前的《技术"微观权力"的伦理意义》从微观权力角度出发，对拉图尔关于人造物对人的行动介入的观念进行了介绍，重点谈到了拉图尔认为技术也能够通过"激励"（invitation）和"抑制"（inhibition）机制来实现其意向性。[③] 吴莹等在《跟随行动者重组社会：读拉图尔的〈重组社会：行动者网络理论〉》一文中，介绍了拉图尔提倡的"联结的社会学"。"联结的社会学"是拉图尔在反对涂尔干提出的社会实体论的基础上提出的，它吸收了法国社会学家塔尔德（Gabriel Tarde）的联系原则，塔尔德认为社会的本质在于"联系"（association）。[④] 刘永谋在《关注法国技术哲学》一文中介绍了拉图尔有关"非人"行动者能动性的观念，并认为拉图尔在"物的转向"（thing turn）中

---

① 郭明哲. 行动者网络理论（ANT）：布鲁诺·拉图尔科学哲学研究 [D]. 上海：复旦大学，2008：76-100.
② 左璜. "技术人造物"的本质回归：论拉图尔对技术本质观的批判与重构 [J]. 自然辩证法研究，2014，30（6）：41-47.
③ 张卫，王前. 技术"微观权力"的伦理意义 [J]. 哲学动态，2015（12）：71-76.
④ 吴莹，卢雨霞，陈家建，等. 跟随行动者重组社会：读拉图尔的《重组社会：行动者网络理论》[J]. 社会学研究，2008（2）：218-234.

做出了比较突出的贡献。① 李田介绍了拉图尔提到的科学修辞学方法，具体有三个："求助盟友""占据要塞""建立网络"。通过以上三个方法，科学家就能够占据有利形势，让质疑者知难而退。②

第二个研究方向是理论比较研究。这种比较研究主要集中在两方面：一是就行动者网络理论与后SSK关于"非人"行动者行动能力的观念进行比较。例如，邱德胜的《科学知识的不同建构理论：兼议异质建构论与实践建构论的比较》，将拉图尔与美国科学哲学家安德鲁·皮克林（Andrew Pickering）对"非人"行动者行动能力的理解进行了比较，他认为二者争论的焦点在于，人与"非人"行动者所拥有的力量是否相同、人类力量与物质力量是否完全对称转化。③ 二是将行动者网络理论与技术现象学关于"非人"行动者行动能力的观念进行比较。例如，韩连庆将美国技术哲学家兰登·温纳（Langdon Winner）、拉图尔、伊德和维贝克对"非人"行动者行动能力的实现方式进行了比较，在《"解释的弹性"与社会建构论的局限：对"摩西天桥"引起的争论的反思》中，他特别指出：温纳认为技术人工物带有政治性，而这种政治性是"嵌入"在技术人工物中的；拉图尔则强调人与技术关系的"高度的偶然性"，否认了温纳所说的设计意向或意图，认为人与物根本无法区分开，人与"非人"行动者是相互建构的；伊德和维贝克借助技术意向性或技术居间的意向性的概念，强调了技术的本质取决于其使用情境。④

第三个研究方向是基于"技科学"这一概念去理解行动者的行动能力。在拉图尔看来，技科学是一个"组合词"，用来指人类和"非人"行动者、科学和技术、自然和社会共同构成的各种杂合体或网络。蔡仲在《STS：从人类主义到后人类主义》一文中，讨论了行动者的行动能力与"技科学"的密切联系。之所以会出现"技科学"这种混合网络，是因为网络中的行动者具

---

① 刘永谋. 关注法国技术哲学 [J]. 自然辩证法通讯, 2020, 42 (11): 14-16.
② 李田. 科学争论解决的修辞学模式 [J]. 宁夏社会科学, 2010 (4): 141-144.
③ 邱德胜. 科学知识的不同建构理论：兼议异质建构论与实践建构论的比较 [J]. 中国人民大学学报, 2013, 27 (4): 105-112.
④ 韩连庆. "解释的弹性"与社会建构论的局限：对"摩西天桥"引起的争论的反思 [J]. 自然辩证法研究, 2015, 31 (1): 43-48.

有行动能力,这种能力使得它们在相互建构中获得了新的属性,从而使得网络中的人与物相互协调。① 王程韡在《"技术"哲学的人类学未来》一文中认为,拉图尔的行动者网络理论从"非人"行动者的能动性角度将人理解为"技术存在",因为在拉图尔看来,人类学已经成为了解科学技术不可替代的工具之一。② 吴永忠等人也考察了拉图尔的技科学观,他们在《拉图尔的技性科学观考察》中认为,"技科学"作为拉图尔行动者网络理论的核心,它反映了现代科学、技术与人类社会的融合,这种融合必须从"非人"行动者的能动性去理解。③

综上所述,当前学界有关"非人"行动者行动能力的研究,多集中于"非人"行动者行动能力的实现路径以及对人产生的影响。西方主流学者大多从SSK、后SSK以及技术现象学角度出发研究"非人"行动者的行动能力。国内学者主要是引进和介绍"非人"行动者行动能力,也结合SSK、后SSK以及技术现象学等理论家的成果对这一问题进行讨论,这对进一步理解该问题具有重要的学术意义。但是,国内外学界对于"非人"行动者的行动能力来源以及"非人"行动者行动能力实现的逻辑前提少有研究,尤其是从机体哲学角度开展的研究更少。

二、"行动者网络"的演化机制问题研究综述

(一) 国外研究综述

行动者网络理论认为"转译"(translation)是行动者网络演化的重要机制,西方学界对"转译"作为演化机制的研究主要集中在其实现路径和演化特点上,并就其中的具体问题展开讨论和质疑。

第一个研究方向是对该机制实现的路径和演化特点等具体问题进行研究。一是巴黎学派学者对"转译"的研究。除了拉图尔,巴黎学派的其他学者米歇尔·塞尔(Michel Serres)、米歇尔·卡龙(Michel Callon)和约翰·劳

---

① 蔡仲.STS:从人类主义到后人类主义[J].哲学动态,2011(11):80-85.
② 王程韡."技术"哲学的人类学未来[J].自然辩证法通讯,2020,42(11):9-11.
③ 吴永忠,贲庆福.拉图尔的技性科学观考察[J].长沙理工大学学报(社会科学版),2013(5):5-8.

(John Law)也对该机制进行过研究。塞尔在"转移"或者"背叛"的意义上使用了"转译"一词,他在 5 卷本的《赫尔墨斯》第 3 卷(*Hermès* Ⅲ, *la traduction*, *éditions de Minuit*)里用希腊神话中的赫尔墨斯形象诠释"转译"。赫尔墨斯是希腊神话中神的信使,他穿梭于时间和空间中,把看似不相干的人和事件联系到一起。为了在各种异质的知识地形中传递信息,赫尔墨斯作为神的信使如果仅仅精通翻译语言是远远不够的,他往往也需要采用巧妙隐藏、刻意伪装甚至背叛等技巧,如此他才能完全达到传递信息的目标。[1] 巴黎学派另外一名代表人物卡龙拓展了"转译"这一概念。卡龙在专著《行动者网络的社会学:电车案例》(*The Sociology of an Actor-Network*: *The Case of the Electric Vehicle*)[2] 以及文章《转译社会学的某些要素:圣柏鲁克湾的扇贝养殖和渔民》(*Some Elements of a Sociology of Translation*: *Domestication of the Scallops and the Fishermen of St Brieuc Bay*)中,系统提出"转译"可以细分为四种不同的策略,即"问题化"(problematization)、"赋利化"(interessement)、"招募"(enrolment)和"动员"(mobilization)。[3] 约翰·劳在《关于远程控制的方法:船只、导航和葡萄牙到印度的路线》(*On the Methods of Long Distance Control*: *Vessels*, *Navigation*, *and the Portuguese Route to India*)一文中,以 15 世纪中期葡萄牙人在印度洋拓展航海版图作为典型案例,进一步细化了"转译"的功能。[4] 劳和卡龙不同之处在于,他认为在一个"异质型网络"(heterogeneous network)的发展和建构中,当一种敌对的和偶然的力量影响甚至威胁到网络的安全和稳定性时,网络是通过"转译"使得网络系统中的各种异质行动者相互作用、相互影响来保持其相对的安全性和稳定性。二是后 SSK 哲学家对"转译"的研究。以英国哲学家皮克林为代表,他在《实践

---

[1] 钟晓林,洪晓楠. 拉图尔行动本体论的哲学来源:从塞尔、德勒兹到怀特海[J]. 广东社会科学,2017(1):58-64.
[2] CALLON M. The Sociology of an Actor-Network: The Case of the Electric Vehicle [M]. London: Palgrave Macmillan, 1986: 19-34.
[3] CALLON M. Some Elements of a Sociology of Translation: Domestication of the Scallops and the Fishermen of St Brieuc Bay [J]. The Sociological Review, 1984, 32 (1): 205-206.
[4] LAW J. On the Methods of Long-Distance Control: Vessels, Navigation and the Portuguese Route to India [J]. The Sociological Review, 1984, 32 (S1): 234-263.

的冲撞：时间、能动性与科学》（*The Mangle of Practice：Time，Agency and Science*）一书中对行动者网络的演化机制进行了讨论。[①] 他认为拉图尔在符号学的意义上已经将人与"非人"行动者的"转译"能力进行了详细阐释，虽然从符号学意义上能够解释人与"非人"行动者力量的相互转换问题，但在社会现实考察中人与"非人"行动者的力量却不完全对称，这是矛盾的。所以皮克林提出行动者网络演化的关键机制是"阻抗与适应的辩证法"。"阻抗体现在实践中有目的地捕获物质力量的失败，适应则是应对阻抗的积极的人类策略。"[②] 此外，还有一些学者对"转译"机制进行了理论比较研究，如瑞士巴塞尔大学哲学系教授杰夫·科坎（Jeff Kochan）将海德格尔技术批判的思想和拉图尔行动者网络理论进行了比较，其中涉及对"转译"的理解。[③] 他认为，对拉图尔来说，"转译"是一种普遍现象，为人类社会存在的可能性提供了条件，所以"转译"要求理论家必须对世界采取绝对和明确的描述。而海德格尔对待世界却采取了模棱两可的态度，其出发点是认为这种态度可能帮助我们摆脱现代性的形而上学冲动，从而激发与技术的自由关系。

第二个研究方向是对"转译"机制的质疑。一是基于行动能力传统上的理解对"转译"机制的质疑。英国历史学家西蒙·沙弗尔（Simon Schaffer）模仿马克思的经典文献《路易·波拿巴的雾月十八日》写作了《布鲁诺·拉图尔的雾月十八日》（*The Eighteenth Brumaire of Bruno Latour*）。[④] 在该文中，沙弗尔认为行动能力是一种主动做事情的能力，他引用了拉图尔的巴斯德案例研究对"转译"机制进行了批判。他提出，在案例中"非人"行动者是难以实现"转译"的。在他看来，"非人"行动者要"主动"帮助巴斯德或其他人做事情，除非具备"万物有灵"这个前提。二是从政治学的角度对该机制的质疑。剑桥大学教授杰夫·沃尔沙姆（Geoff Walsham）在《行动者网络

[①] PICKERING A. The Mangle of Practice：Time，Agency and Science [M]. Chicago：University of Chicago Press，2010.
[②] 皮克林. 实践的冲撞：时间、力量与科学 [M]. 邢冬梅，译. 南京：南京大学出版社，2004：20.
[③] KOCHAN J. Latour's Heidegger [J]. Social Studies of Science，2010，40（4）：579-598.
[④] SCHAFFER S，LATOUR B. The Eighteenth Brumaire of Bruno Latour [J]. Studies in History and Philosophy of Science Part A，1991，22（1）：175-192.

和 IS 研究：现状与展望》（*Actor-Network Theory and IS Research： Current Status and Future Prospects*）中，认为行动者网络理论忽视了权力的重要性，将权力看作从网络发生过程中涌现出来的。他还认为"转译"的过程中夹杂着非道德的手段，如欺诈和恐吓等。①

第三个研究方向是从行动者网络理论的方法论上去探讨该机制的影响。巴黎政治学院教授托马索·文丘林（Tommaso Venturini）对拉图尔的方法论进行了讨论。他在《如何用行动者网络理论探索争议》（*How to Explore Controversies with Actor-Network Theory*）中认为，拉图尔的行动者网络理论的方法论强调公正。公正包含三个要点：不能局限于某一种理论或方法，从多元角度去观察，以及多倾听行动者的声音。② 纽卡斯尔大学商学院安德里亚·惠特尔（Andrea Whittle）和伦敦城市大学教授安德烈·斯派塞（Andre Spicer）从本体论和认识论层面考察了行动者网络理论的方法论，他们在《行动者网络理论是批判性的吗？》（*Is Actor-Network Theory Critique?*）一文中认为，行动者网络理论的批判方法虽然充满着新意，但是从整体上来看，行动者网络理论在本体论上是一个"自然化的本体论"（naturalizing ontology），在认识论上是一个"非自反的认识论"（un-reflexive epistemology）。③ 亚特兰大佐治亚理工学院拉玛·斯里坎特·马拉瓦拉普（Rama Srikanth Mallavarapu）在《事实、拜物教和物的议会：是否有批评的空间？》（*Facts, Fetishes, and the Parliament of Things： Is There any Space for Critique?*）中认为，拉图尔的方法论始于这样一种假设，即世界由一个不断扩展的由人类和"非人"行动者组成的网络，研究者要做的是呈现演员的"铭文"或"声音"，以便了解事实是如何产生或运作的。拉图尔明确的目标是扩大民主的范围，包括容纳众多的人类和

---

① WALSHAM G. Actor-Network Theory and IS Research： Current Status and Future Prospects [J]. Information Systems and Qualitative Research, 1997, 3 (5)： 466-480.
② VENTURINI T. Diving in Magma： How to Explore Controversies with Actor-Network Theory [J]. Public Understanding of Science, 2010, 19 (3)： 258-273.
③ WHITTLE A, SPICER A. Is Actor-Network Theory Critique? [J]. Organization Studies, 2008, 29 (4)： 611-629.

"非人"行动者,并且要倾听更多的不同声音。[1] 魏玛大学传媒学院学者海宁·施米特根（Henning Schmidgen）的专著《拉图尔的片段：思想传记》（*Bruno Latour in Pieces: An Intellectual Biography*）在2014年出版。[2] 在这本专著中,施米特根从整体上介绍了拉图尔各个时期的作品,但他关注的主题是拉图尔如何将知识、时间和社会相互关联起来。施米特根认为拉图尔将知识定义为对事件、地点和人物的掌握程度,并在这个假设的基础上,拉图尔考察了一系列问题：知识是如何在一个社会的不同群体和制度之间传递的？传授经验和知识的物质基础分别是什么？在这个过程中出现了哪些时空形式？最后,知识的传递对知识本身有什么影响？他认为拉图尔对这个主题的关联是从神学的训诂学开始的,在其后的发展过程中他也深受如米歇尔·塞尔、德勒兹等哲学家的影响。但是拉图尔的兴趣与其他哲学家的不同,对他来说,重点是建立一种可以用来追踪传统现象和过程的新的制图学。

（二）国内研究综述

国内学者对该机制的研究主要从建构主义、符号学、关系实在论等方向进行探讨。

第一个研究方向是从建构主义的视角开展研究。安维复在他2012年的专著《社会建构主义的"更多转向"》中,对比了社会建构主义与行动者网络理论,他认为行动者网络理论可以推动社会建构主义发展。[3] 孟强在《认识论批判与能动存在论》一文中,介绍了拉图尔对"非人"行动者行动能力的理解,还将拉图尔的这种理解称为"能动存在论"。这种存在论有两方面的特点：一是拉图尔认为任何事物都必须将其置于具体的生成过程中加以阐述；二是这种能动存在论还坚持"不可还原性原理",首先必须仔细考察具体现象在网络中的生成与相互作用的全部过程,然后在此基础上再去理解实在、精

---

[1] MALLAVARAPU R S, PRASAD A. Facts, Fetishes, and the Parliament of Things: Is There Any Space for Critique? [J]. Social Epistemology, 2006, 20 (2): 185-199.
[2] SCHMIDGEN H. Bruno Latour in Pieces: An Intellectual Biography [M]. New York: Fordham University Press, 2014.
[3] 安维复. 社会建构主义的"更多转向" [M]. 北京：中国社会科学出版社, 2012: 23.

神、物质、社会等这些抽象性范畴的根本起源和含义。① 刘鹏在《20世纪法国科学哲学的三个主题》中认为，拉图尔在研究科学的发展和进步问题上并没有诉诸认识论，而是把思维转向了实践，转向了本体论。② 因为在拉图尔看来，"杂合物"只不过是人在"转译"的实践中所产生的网络，而网络并不存在质的差别，只有数量上的差别。刘文旋在《从知识的建构到事实的建构：对布鲁诺·拉图尔"行动者网络理论"的一种考察》中认为，拉图尔用"事实的建构"成功取代了"知识的建构"，他之所以能做到这一点就在于他通过观察"正在形成的网络"而非"已经形成的网络"。在这个过程中，他运用的"转译"机制是他成功的关键。③

第二个研究方向是从符号学视角开展研究。贺建芹等从符号学的角度分析了拉图尔行动者对行动能力的理解以及优缺点，提出了自己的系统理解。一方面，贺建芹和李以明在《行动者网络理论：人类行动者能动性的解蔽》一文中，认为拉图尔之所以能够恢复"非人"行动者行动能力，其前提是首先恢复传统科学观和科学知识社会学中被漠视的人类行动者的能动性，也就是实现对人类行动者能动性的解蔽；另一方面，贺建芹在《激进的对称与"人的去中心化"：拉图尔的非人行动者能动性观念解读》中提出，拉图尔在人与"非人"行动者之间保持行动能力的对称是激进的，应该提倡"弱不对称原则"。④ 随后，贺建芹在她的博士论文《行动者的行动能力观念及其适当性反思》中又进一步系统阐述了这一主张。⑤ 成素梅在巴黎对拉图尔进行过一次专访，其中就拉图尔思想的起源问题进行了详细的提问，拉图尔承认他的思想得益于格瑞马斯（Greimas）所倡导和提出的符号学理论，但拉图尔也

---

① 孟强. 认识论批判与能动存在论 [J]. 哲学研究, 2014 (3)：99-105, 129.
② 刘鹏. 20世纪法国科学哲学的三个主题 [J]. 自然辩证法研究, 2018, 34 (3)：3-8.
③ 刘文旋. 从知识的建构到事实的建构：对布鲁诺·拉图尔"行动者网络理论"的一种考察 [J]. 哲学研究, 2017 (5)：118-125, 128.
④ 贺建芹. 激进的对称与"人的去中心化"：拉图尔的非人行动者能动性观念解读 [J]. 自然辩证法研究, 2011, 27 (12)：81-84.
⑤ 贺建芹. 行动者的行动能力观念及其适当性反思 [D]. 济南：山东大学, 2011.

同时承认符号学的优劣特别明显,学者必须谨慎地使用。① 刘鹏在《拉图尔后人类主义哲学的符号学根基》中明确提出,拉图尔的符号学经历是非常复杂的,并非简单的吸收,而是经历了一种从吸收到改造并最终走向后人类主义的哲学立场的过程。②

第三个研究方向是从关系实在论的视角对拉图尔的观念进行研究。刘世风从关系实在论出发,在《相对主义与实在论之间:拉图尔的关系主义分析》中认为,虽然网络是有生命力的,但是在拉图尔的关系主义中,基于广义对称性原则,一切的人与"非人"行动者实际上都丧失了行动能力,将要退回到"万物有灵论"(hylozoism)中。③ 李雪垠、刘鹏的《从空间之网到时间之网:拉图尔本体论思想的内在转变》认为,拉图尔的本体论有一个从空间维度到时间维度的转变,前期侧重于混合本体论,后期则转变为行动中的关系本体论,网络的演变机制是行动者之间的互动。因此,转译实际上重点强调的是网络中行动者之间关系的转变。"由此,实体之间的关系就成为一切变化的根源。这才是其关系本体论的真实内涵。"④ 同时,两位学者还在《拉图尔对实践科学观的本体论辩护》一文中认为,拉图尔在对"社会"概念进行理论改造的基础之上,形成了一种新的关系本体论。⑤ 刘鹏在《现代性的本体论审视:拉图尔"非现代性"哲学的理论架构》一文中,从"转译"的角度探讨了拉图尔"客体间性"(interobjectivity)的概念,即主体性和客体性并不是截然分离的,而是在网络中作为一个集体彼此分享对方的属性。⑥

---

① 成素梅.拉图尔的科学哲学观:在巴黎对拉图尔的专访[J].哲学动态,2006(9):3-8.
② 刘鹏.拉图尔后人类主义哲学的符号学根基[J].苏州大学学报(哲学社会科学版),2015,36(1):22-28.
③ 刘世风.相对主义与实在论之间:拉图尔的关系主义分析[J].自然辩证法通讯,2010,32(1):17-21.
④ 李雪垠,刘鹏.从空间之网到时间之网:拉图尔本体论思想的内在转变[J].自然辩证法研究,2009,25(7):52-56.
⑤ 刘鹏,李雪垠.拉图尔对实践科学观的本体论辩护[J].自然辩证法通讯,2010,32(5):66-72.
⑥ 刘鹏.现代性的本体论审视:拉图尔"非现代性"哲学的理论架构[J].南京社会科学,2014(6):44-50.

综上所述，当前学界有关行动者网络演化机制的研究，主要集中在其实现路径、演化特点和网络与行动者的关系上，多从符号学、关系实在论等视角出发。国外学界对该机制的研究重点在于描述网络中行动者之间属性的传递，虽然强调了行动者之间关系的变化对该网络形成的重要性，但并没有将行动者网络看成一个"有机联系"的网络，一个传递"生机"的网络，也没有深入探讨网络对行动者的作用。国内一些学者虽然从关系实在论的角度来研究行动者网络的演化机制，但是，很少有学者将"关系"作为一个明确的范畴对行动者网络进行研究，也缺乏对网络与行动者之间关系的深入探讨，更缺乏对行动者网络中所蕴含的"生机"的探讨。

三、"行动者网络理论"的机体哲学研究路径综述

（一）国外研究综述

国外学者主要基于怀特海机体哲学的角度对行动者网络理论进行比较研究。新罕布什尔大学教授凡·杜斯克（Val Dusek）在《技术哲学导论》(*Philosophy of Technology：An Introduction*)一文中，将拉图尔的行动者网络理论与怀特海的机体哲学进行了比较。[1] 他认为拉图尔将其网络中的元素定义为行动者，并没有将人类与通常被认为是无机物和惰性的物理对象区分开来，这与怀特海的机体哲学有一些相似之处。因为在传统意义上一些哲学家仅仅认为有机体的特征是精神或感觉，怀特海却利用"结构"扩展了对机体的理解，而拉图尔则强调用"能动性"扩展对物的理解。美国哲学家格雷厄姆·哈曼在其专著《网络王子：布鲁诺·拉图尔和形而上学》(*Prince of Networks：Bruno Latour and Metaphysics*)中认为，拉图尔在许多方面都继承和发展了英国哲学家怀特海机体哲学的思想。第一，怀特海和拉图尔都反对运用还原性的视角看待客体和主体，最明显的是拉图尔提出的"非还原性"原则，反对自亚里士多德以来的"物质是一个在时空中经历冒险的永恒实体的概念"。[2] 第二，

---

[1] DUSEK V. Philosophy of Technology：An Introduction [J]. Journal of the British Society for Phenomenology，2006，39（3）：333-334.

[2] HARMAN G. Prince of Networks：Bruno Latour and Metaphysics [M]. Melbourne：Re. Press，2009：32.

拉图尔坚持和发展了怀特海关系主义的立场，认为"一件事物并不是独立于它的关系之外的，事实上，每一个元素都是由它的关联来定义的，并且是在每一个关联的场合中产生的事件"。① 丹麦哥本哈根大学教授安德斯·布洛克（Anders Blok）和托本·埃尔加德·詹森（Torben Elgaard Jensen）等合著了《布鲁诺·拉图尔：混合世界里的混合思想》（Bruno Latour：Hybrid Thoughts in a Hybrid World）一书，他们认为怀特海对拉图尔的影响主要表现在两方面：一方面，怀特海为拉图尔提供了反对二分法的哲学语言，它有助于理解文化与自然、人类与"非人"行动者、社会与科学之间的各种动态关系。这种动态关系被拉图尔吸收，形成了行动者网络理论的核心点。比如，拉图尔始终以过程和关系的方式阐明行动者网络理论，动态关系（"转译""调节""循环"）是本体论的主要内容，而静态实体（如"社会"和"自然"）则被视为动态关系的次要内容。另一方面，拉图尔的政治哲学思想受到怀特海反对"自然分岔"的强烈启发。对拉图尔来说，反对将自然分成主要性质的和次要性质的，有助于使科学与民主更加兼容。②

（二）国内研究综述

国内学者从机体哲学视角研究行动者网络理论，主要探讨怀特海机体哲学对行动者网络的影响。比如，钟晓林和洪晓楠在论文《拉图尔行动本体论的哲学来源：从塞尔、德勒兹到怀特海》中认为，拉图尔坚持了怀特海对"元（meta）哲学"的抵触态度，将自己的理论定位于一种经验（empirical）哲学而不是经验主义（empiricist）哲学，定位成一种"经验形而上学"（experimental metaphysics）而不是传统的形而上学。③

综合现有的国内外学者的机体哲学研究路径，其研究重点在于比较怀特海的机体哲学与拉图尔行动者网络理论的相同之处，但较少研究两者的不同。此外，国内外学者大多基于西方机体哲学（主要是基于怀特海机体哲学）的

---

① HARMAN G. Prince of Networks：Bruno Latour and Metaphysics [M]. Melbourne：Re. Press, 2009：78.
② BLOK A, JENSEN T E. Bruno Latour：Hybrid Thoughts in a Hybrid World [M]. New York：Routledge, 2011：13.
③ 钟晓林, 洪晓楠. 拉图尔行动本体论的哲学来源：从塞尔、德勒兹到怀特海 [J]. 广东社会科学, 2017（1）：58-64.

思路去探讨和研究行动者网络理论。在怀特海机体哲学中，有机体是一种广义的存在，只要具有一定规律的有序结构体都是有机体，这种机体哲学的逻辑出发点在于"结构"。基于这个意义，在怀特海机体哲学看来，过去的生物体与非生物体的二元划分业已让位给了机体一元论，因而这种"机体观"具有无法区分"机体"与"非机体"的缺陷。例如，自然界中的晶体、旋风、沙丘等，和植物、动物一样都具有一定结构性，但它们很难说也是"机体"。此外，人工物作为"非人"行动者也具有结构，它们也是怀特海意义上的"机体"，但是它们明显具有和晶体、旋风、沙丘等自然物不同的特征，如人工物能够在历史的演进中不断地出现功能上的增强和结构上的演化，而后者在这方面并无改变。所以仅仅依靠"结构"为逻辑出发点，无法真正揭示"非人"行动者蕴含的机体特征。

四、对拉图尔"非现代性"以及"盖亚"学说的研究综述

（一）国外研究综述

国外学者研究拉图尔的"非现代性"以及"盖亚"学说，主要从技术哲学、社会学、马克思主义哲学以及伦理学角度展开。

一是技术哲学角度。法国技术哲学学会理事丹尼尔·塞雷苏埃尔（Daniel Cérézuelle）从技术哲学角度出发，在《论布鲁诺·拉图尔的技术哲学》中分析了拉图尔的行动者网络理论的优缺点。他认为行动者网络理论无法充分解释科技工业体系以及技术的长期功能及其社会影响，但是在说明特定技术创新的产生和发展以及该特定技术在短期内是如何形成以及完善有着不可比拟的合理性。[1] 卡尔·米切姆（Carl Mitcham）也从技术哲学角度出发，在《布鲁诺·拉图尔在中国：主旨与问题》中谈到，他赞赏拉图尔在 2017 年访问中国时为宣传他的"盖亚"范式所做出的努力，让中国进一步认识到了生态问题的重要性，但他同时认为拉图尔对中国传统文化、中国人对现代性的追求

---

[1] 塞雷苏埃尔，马诗桦. 论布鲁诺·拉图尔的技术哲学 [J]. 自然辩证法通讯，2020，42（1）：27-30.

等缺乏深入了解，这使得他的这次访问留有遗憾。①

二是社会学角度。哈曼在他的专著《布鲁诺·拉图尔：重组政治》（*Bruno Latour: Reassembling the Political*）中认为，现代欧洲面临着真理政治和权力政治之间的现代僵局，它们都以"左"或者"右"两种形式出现，这都源于现代主义二元论，拉图尔致力于摧毁这种二元论。而拉图尔摧毁这种二元论是从批评霍布斯式框架开始的，他不求助于一个超越的绝对知识世界，而坚持现代人对政治上的无知，只有求助于让"非人"行动者获得代表性的新的政治框架才能解决这些问题。②瑞典科学社会学家马克·埃拉姆（Mark Elam）认为某些特定的欧洲社会和某些特定的行动者在历史上某些明确界定的时刻就开始了现代化进程，这一事实在全世界产生了深远的影响，而拉图尔的分析中完全没有性别和民族差异。③法国学者克里斯托弗·沃特金（Christopher Watkin）在他的专著《当代法国哲学》（*French Philosophy Today*）中探讨了拉图尔的"物的议会"方案。④沃特金认为，"物的议会"是一个进步方案但并非一个完美方案，因为"非人"行动者的代表性虽然可以得到更好的表达，但是如果代理人没有充分表达"非人"行动者的要求，"非人"行动者显然不会将代理人驱逐出去。美国学者怀特塞德（Kerry H. Whiteside）提出，"物的议会"要解决这个困难必须有一个决策规则，但这种规则不应该等同于拉图尔所提出的"困惑"机制，应建立一种能够以一定方式计票的稳定议会。⑤

三是马克思主义哲学角度。隆德大学教授阿尔夫·霍恩伯格（Alf Hornborg）从马克思主义角度出发，在《人工物有后果性而不是能动性：走向全球环境史的批判理论》（*Artifacts Have Consequences, Not Agency: Toward a*

---

① 米切姆. 布鲁诺·拉图尔在中国：主旨与问题（英文）[J]. 自然辩证法通讯，2020，42（1）：1-9.
② HARMAN G. Bruno Latour: Reassembling the Political [M]. London: Pluto Press, 2014: 15.
③ ELAM M. Living Dangerously with Bruno Latour in a Hybrid World [J]. Theory, Culture & Society, 1999, 16 (4): 74.
④ WATKIN C. French Philosophy Today: New Figures of the Human in Badiou, Meillassoux, Malabou, Serres and Latour [M]. Edinburgh: Edinburgh University Press, 2016: 197.
⑤ WHITESIDE K. Divided Natures: French Contributions to Political Ecology [M]. Cambridge: MIT Press, 2002: 140.

Critical Theory of Global Environmental History）中认为，行动者网络理论自我期许能够颠覆另外一种与欧美科技的强大利益相关的霸权世界观，并且支持那些诸如土著民族、妇女和"非人"行动者等被压迫者。但是，行动者网络理论将自主的能动归于非生命的实体，反而将不平等交换关系神秘化，制造了所谓的"资本主义假象"。① 此外，霍恩伯格在《科技作为拜物教：马克思、拉图尔和资本主义的文化基础》（*Technology as Fetish*：*Marx*，*Latour*，*and the Cultural Foundations of Capitalism*）一文中，还重点比较了马克思与拉图尔对科学技术的看法。在他看来，拉图尔认为技术只是人类行动者与客体互动建构的结果，而不是客体作为人类互动中介的角色，并且拉图尔毫不关心行动者是"自由的"还是"被支配的"。而马克思主义则强调社会体系中资本主义力量对技术的支配，并且利用这种作用达到对其他阶级的控制和剥削。②

四是伦理学角度。南安普顿大学人文地理学副教授艾玛·罗（Emma Roe）从环境伦理的角度考察了行动者网络理论，肯定了拉图尔的行动者网络理论对生态伦理的贡献。③ 在《环境伦理学》（*Environmental Ethics*）一文中，她认为拉图尔对"非人"行动者的关注促进了伦理学家提出一套专门针对"非人"行动者的考察方法，这将有利于将伦理扩展到无生命的自然过程和地质环境，促进环境正义。悉尼大学社会与环境学院教授诺埃尔·卡斯特里（Noel Castree）重视拉图尔在盖亚学说中提出的关系伦理的方法，他在《一种后环境伦理学？》（*A Post-Environmental Ethics*？）一文中认为打破人类中心主义和非人类中心主义对立的方法之一就是支持关系本体论，因为这种本体论强调联系和统一性，而不是差异和区别，而拉图尔就是这种方法的倡导者。④ 滑铁卢大学研究院布莱恩·格里姆伍德（Bryan S. R. Grimwood）将北欧

---

① HORNBORG A. Artifacts Have Consequences, Not Agency: Toward a Critical Theory of Global Environmental History [J]. European Journal of Social Theory, 2017, 20 (1): 95-110.
② HORNBORG A. Technology as Fetish: Marx, Latour, and the Cultural Foundations of Capitalism [J]. Theory, Culture & Society, 2014, 31 (4): 119-140.
③ ROE E. Environmental ethics [M] //RICHARDSON D, CASTREE N, GOODCHILD M F, et al. International Encyclopedia of Geography: People, the Earth, Environment and Technology. Hoboken: Wiley-Blackwell, 2016: 1-9.
④ CASTREE N. A Post-Environmental Ethics? [J]. Ethics, Place & Environment, 2003, 6 (1): 3-12.

的生态学理念"户外生活"（friluftsliv，挪威语，对应的英文是outdoor life）与拉图尔提倡的关系伦理进行了比较。① 格里姆伍德认为当前的自然理论已从二元世界观转向关系世界观。前者包括自然与社会的最终区别，而后者拒绝自然与人类社会的区别。因此，关系世界观描述了一种现实，在这种现实中，人类和"非人"行动者同时存在于既真实又凌乱、既抽象又具体的行动者网络中。北欧传统中"户外生活"与拉图尔提倡的关系伦理在本质上是一致的，但关键在于如何使这些理念转化为实践。宾夕法尼亚州立大学副教授莎拉·克拉克·米勒（Sarah Clark Miller）和比勒陀利亚大学教授萨迪斯·梅茨（Thaddeus Metz）将儒家思想、女权主义以及非洲的"乌班图"（Ubuntu）理念中蕴含的关系伦理进行了比较。他们在《关系伦理学》（*Relational Ethics*）一文中认为，通过对以上三种思想的分析可以发现，相对于个人主义和整体主义，关系伦理认为道德是由一个实体和另一个实体之间某种相互作用的属性构成的，这种属性需要被实现或珍视。因此，它处于个人主义和整体主义之间。② 牛津大学环境地理学教授杰米·洛里默（Jimmy Lorimer）在拉图尔赋予"非人"行动者能动性的基础上提出了"非人类魅力"的概念。他在《非人类魅力》（*Nonhuman Charisma*）一文中将非人类魅力分为三种不同类型：生态魅力、美学魅力和物质魅力（ecological，aesthetic，and corporeal charisma）。③ 明尼苏达大学地理系教授布鲁斯·布劳恩（Bruce Braun）在《环境问题：创造性生活》（*Environmental Issues：Inventive Life*）中认为，从生态伦理上看，要真正地理解拉图尔提出的"拟客体""'非人'行动者"等这些概念，不能简单地从字面上而要从这些概念产生的背后推动力上去理解，这种推动力就是关系伦理相对于二元范式伦理的优势。④

---

① GRIMWOOD B，HENDERSON B. Inviting Conversations about "Friluftsliv" and Relational Geographic Thinking [C] //Proceedings from Ibsen Jubliee Friluftsliv Conference. Trøndelag：North Trøndelag University College，2009.
② MILLER S C，METZ T. Relational Ethics [M] //LAFOLLETTE H. International Encyclopedia of Ethics. Hoboken：Wiley-Blackwell，2013：1-10.
③ LORIMER J. Nonhuman Charisma [J]. Environment and Planning D：Society and Space，2007，25（5）：911-932.
④ LATOUR B. Environmental Issues：Inventive Life [J]. Progress in Human Geography，2008，32（5）：667-679.

此外，还有一些学者从其他的角度对拉图尔的"盖亚"学说展开了研究。比如，德国经济学家卡斯滕·埃尔曼-皮莱（Carsten Herrmann-Pillath）从生态经济学的角度认为，"盖亚2.0"的提出说明人类及周边环境是共同进化的，而当前人类面临的挑战是"为生物圈、经济和科学以及其他领域的共同进化找到一条正确的轨迹，最终维持地球系统整体的基本构造原则"。①

（二）国内研究综述

国内学者对拉图尔的"非现代性"以及"盖亚"学说主要从以下两方面展开研究：一是对"非现代性"以及"盖亚"理论进行介绍和评价；二是从人类学、社会学、政治哲学和马克思主义哲学角度对"非现代性"以及"盖亚"理论进行研究。

在对"非现代性"以及"盖亚"理论进行介绍和评价方面，作为《我们从未现代过》的中文版译者之一，刘鹏在《现代性的本体论审视：拉图尔"非现代性"哲学的理论架构》中认为，"非现代性"这一概念不仅可以说明现代性的政治建构过程及其目的，并且有望对我们幻想出来的错误的世界图景产生一次重构。②孟强在《拉图尔论"非现代性"》中明确认为，非现代性概念不但可以准确地说明现代性的政治建构过程及其包含的全部目的，而且非常有望彻底重构被现代性打上烙印的世界图景。③麦永雄是拉图尔《自然的政治》的中文版译者，他在《将科学带入政治：拉图尔"政治生态学"思想初探》一文中介绍了拉图尔的"物的议会"观念，认为"物的议会"运用新的权力框架替代了旧有的生态政治架构，其目的不仅是打破长期隔离的事实与价值隔离，更是彻底消除不同职业人之间的分工隔离，为人类与"非人"行动者共同参与的"宇宙政治"做出贡献。④汪民安在《物的转向》中

---

① HERRMANN-PILLATH C. On the Art of Co-Creation：A Contribution to the Philosophy of Ecological Economics [EB/OL]. (2019-11-13) [2020-11-29]. https://esee2019turku.fi/wp-content/uploads/2019/06/Art-Cocreation.pdf.
② 刘鹏. 现代性的本体论审视：拉图尔"非现代性"哲学的理论架构 [J]. 南京社会科学，2014（6）：44-50.
③ 孟强. 拉图尔论"非现代性" [J]. 社会科学战线，2011（9）：20-23.
④ 麦永雄. 将科学带入政治：拉图尔"政治生态学"思想初探 [J]. 马克思主义与现实，2016（2）：48-54.

认为，拉图尔的"准客体"（quasi-object）概念突出了物，使得物也开始具备本体论的地位。汪民安认为，拉图尔提倡的"非现代性"是继康德哲学的"哥白尼式的革命"后的又一次哲学转向。① 钟晓林和洪晓楠在《拉图尔论"非现代性"的人与自然》一文中，认为拉图尔的"盖亚"是自然的世俗形象，天地境界的人和拉图尔的地面人的角色也是非常紧密相连的，这两种角色都集中体现了人类命运共同体的文化价值观。②

在从人类学、社会学角度对"非现代性"以及"盖亚"学说进行研究方面，张亢从人类学角度出发，在《重构自然与政治：论拉图尔的政治生态学》中认为，拉图尔以"盖亚"等全新的概念替代并重置现代性宪政，在这个过程中他运用了全新的框架构建了政治生态学，但作为他的重要方法论之一的人类学在为达到以上目标的过程中却显示出了实践上以及哲学层面上的不足。③ 汪行福在《复杂现代性与拉图尔理论批判》中认为，拉图尔的"非现代性"虽然不乏合理内容，但其命题仍然是模棱两可的，因为从某种程度上来说，现代性从来就不是一个简单的过程。随着现代社会的演化，其复杂程度只会加剧而非减弱，这远远超越了"从未现代过"这一个简单的判断。④ 肖雷波认为，拉图尔关于自然与社会相互缠绕并构成网络的思想对于环境管理意义重大。因为自然与社会相分离的二元论直接导致了传统的环境管理策略，这种策略的主要特征是以命令控制为主。而拉图尔的思想则致力于打破这种二元论，在破解二元论的基础上产生适应性管理策略，这有助于解决当前全人类面临的生态难题。⑤ 彭小花考察了拉图尔关于科学公信力的概念，并将它应用于美国艾滋病治疗行动主义者运动的考察。⑥ 她发现，拉图尔

---

① 汪民安. 物的转向 [J]. 马克思主义与现实，2015（3）：96-106.
② 钟晓林，洪晓楠. 拉图尔论"非现代性"的人与自然 [J]. 自然辩证法通讯，2019，41（6）：99-106.
③ 张亢. 重构自然与政治：论拉图尔的政治生态学 [J]. 自然辩证法通讯，2020，42（1）：19-26.
④ 汪行福. 复杂现代性与拉图尔理论批判 [J]. 哲学研究，2019（10）：58-68.
⑤ 肖雷波. 后人类主义视角下的环境管理问题研究 [J]. 自然辩证法研究，2013，29（9）：53-59.
⑥ 彭小花. 科学公信力的危机与重建：以美国艾滋治疗行动主义者运动为例 [J]. 自然辩证法通讯，2008（1）：55-62.

关于科学公信力的论述虽然致力于打破实验室内外的区分，但是仍然存在着科学研究体制的内外区分。这种弱点直接简化了公众在公信力中发挥的作用，实际上公众在其中发挥了不可替代的作用，是不容忽视的。邢冬梅和毛波杰从人类学角度出发，认为拉图尔对本体论的研究直接与生成本体论相通，这使得他的研究破除了表象主义的窠臼。[①]

在从政治学角度对"非现代性"以及"盖亚"学说进行研究方面，夏永红在《迈向没有大自然的生态学》中认为，"物的议会"很难得出实质性的结果，因为拉图尔主张让不同的行动者将其意见表达出来，在争论和协商中达到一致。问题是协商未必能达成一致，反而可能导致冲突甚至是不可调和的矛盾。[②] 江卫华和蔡仲从政治哲学角度认为，贝克的风险概念摇摆于实在论与社会建构论之间，从而造成了方法论上的困难，而拉图尔在现代性的研究中彻底否定科学与政治之间二元的先验分离，这使得他在解决风险问题上超越了贝尔。[③] 李钧鹏对拉图尔行动者网络理论中权力的观念进行了深入解读，在他看来，拉图尔的权力观并非传统意义上作为一种"扩散"（diffusion）的权力，而是一种"转译"（translation）的权力。[④] 扩散的权力特点在权力源头上是强有力的，但是在扩散过程中却被削弱。转译的权力则相反，权力源头是软弱的，但是随着它的传播和扩散，这种权力反而得到了加强。

在从马克思主义哲学角度对"非现代性"以及"盖亚"学说进行研究方面，常照强和王莉从马克思主义哲学角度出发，在《当ANT遇上历史唯物主义：追问拉图尔反批判误区的根源》一文中认为，行动者网络虽然致力于全球的环境问题、女权问题尤其是发展中国家的各种问题，但它的本体论崇拜全面的"即时性"（immediacy），同时忽略了其所嵌入的背景，这使得它陷入

[①] 邢冬梅，毛波杰. 科学论：从人类主义到后人类主义 [J]. 苏州大学学报（哲学社会科学版），2015，36（1）：9-15.
[②] 夏永红. 迈向没有大自然的生态学 [J]. 理论月刊，2018（3）：45-51.
[③] 江卫华，蔡仲. 风险概念之演变：从贝克到拉图尔 [J]. 自然辩证法通讯，2019，41（5）：103-109.
[④] 李钧鹏. 何谓权力：从统治到互动 [J]. 华中科技大学学报（社会科学版），2011，25（3）：61-67.

了"天真客观主义的本体论"（ontology of naive objectivism）。[1]拉图尔的"盖亚学说"和有关"物的议会"的设想，在对人与自然关系的理解方面存在一定局限性，可以从我国的"人与自然生命共同体"理念出发进行审视，弥补其不足。宫长瑞和刘夏怡认为，"人与自然生命共同体"本身就是针对生态伦理当前存在的"遗忘""虚无""缺位""乏力"等问题提出来的，要实践这种理念就必须跳出"资本逻辑"窠臼，重新审视人与自然的关系。[2]张鹭和李桂花认为"人与自然生命共同体"具有主体承认、情感承认、价值承认和制度承认四重承认意蕴。"人与自然生命共同体"在承认人类合理开发利用自然的前提的基础上，划定了人类活动的范围，并以"生态环境立法、环境巡视制度等法律承认方式强制人类保持与自然的良性互动"。[3] 这些文献在解读拉图尔的"盖亚学说"和有关"物的议会"的设想方法也具有重要价值。

综合国内外学者对拉图尔的"非现代性"以及"盖亚"范式的研究，西方主流学者大多从技术哲学、政治学、社会学等角度出发研究"非现代性"以及"盖亚"范式。国内学者主要是引进和介绍"非现代性"以及"盖亚"范式，也从人类学、政治学和马克思主义哲学等角度对这一问题进行讨论，这对进一步理解该问题具有重要的学术意义。但国内外学界对"非现代性"以及"盖亚"范式的研究基本没有涉及机体哲学角度。此外，其讨论的焦点虽然集中在"非现代性"以及"盖亚"范式对当今生态问题以及社会发展的影响，但较少从行动者网络演化的动力出发进行深入分析，缺乏哲学上的进一步追问。

---

[1] 常照强，王莉. 当ANT遇上历史唯物主义：追问拉图尔反批判误区的根源[J]. 科学与社会，2020，10（3）：66-80.
[2] 宫长瑞，刘夏怡. 人与自然生命共同体的生态伦理向度[J]. 理论导刊，2021（1）：85-90.
[3] 张鹭，李桂花."人与自然是生命共同体"的承认逻辑：意蕴、困境及构建路径[J]. 哈尔滨工业大学学报（社会科学版），2020，22（1）：111-117.

第三节　本书主要研究思路

一、研究思路

本书的研究将始终围绕着行动者网络理论中"非人"行动者的行动能力来源、行动者网络与行动者之间的关系、行动者网络演化的动力机制、如何提高网络的"生机"与活力等问题这样一条主线，梳理出拉图尔对这些问题的解答，考察这些解答的不足之处，并从机体哲学角度对这些问题进行系统的回答。

具体而言，本书第一章重点阐释研究的背景和意义，厘清国内外对行动者网络理论问题的研究成果，梳理研究现状和问题，为本书的研究打好基础。第二章重点廓清"行动者""行动者网络""机体""生机"等核心概念以及"机体哲学""科学知识社会学""行动者网络理论"等理论分析工具。第三章接着重点探讨拉图尔对"非人"行动者行动能力实现的理解，并从机体哲学角度分析其不足，指出"非人"行动者行动能力实现的前提是"生机"这一生长机制的存在，人对"非人"行动者的"生机"赋予是其行动能力实现的关键。在此基础上，系统地分析"生机"机制在"非人"行动者行动过程中发挥作用的三个阶段，描述出这三个阶段的运行特点。第四章重点探讨拉图尔对行动者网络的理解，指出行动者网络拥有的时空二重性以及"集体"的特征，同时从机体哲学角度分析其不足。在此基础上，从机体哲学的角度阐述行动者网络对于行动者的存在发挥的重要作用，以及网络中的基本关系具有的相对独立性，尤其强调"生机"在该网络关系中得到了体现。第五章重点探讨了拉图尔对"行动者网络"演化机制的理解及其不足，从机体哲学的角度阐述行动者网络演化的真正动力是人将功能、意向、责任不断转移到"非人"行动者之中，由此带来各种"非人"行动者"生机"的不断增强，并指出这些行动者的"生机"演化分为积蓄和展开两个阶段。第六章重点从机体哲学角度解读行动者网络理论的实际意义，指出该理论在识别"行动者网络"、评价和提高"行动者网络"的"生机"与活力,以及更好地与"盖亚"和平相处这三方面具有的重要意义。

二、研究方法

(一) 文献分析法

本选题建立在大量研读国内外专著、论文的基础上,尤其是需要研究拉图尔本人的原著和相关文献,全面、系统地掌握拉图尔的思想体系建构,并尽量参考同时代哲学家从不同视角对行动者网络理论的研究成果,据此全面掌握该理论的意义和相关研究基础。

(二) 逻辑分析法

拉图尔的行动者网络理论在本体论、认识论和方法论上面临的一些解释困难,需要用逻辑分析的方法进行分析探讨。特别是拉图尔与其他学者就这些问题的论辩,需要我们对论辩双方观点的合理性和不合理性进行详细的分析,以找出问题的症结所在。同时,从机体哲学视角解析行动者网络理论,必须从其核心观点和现实案例存在的矛盾出发,找出其中存在的逻辑缺陷,这样才能找出症结解决问题。

(三) 案例分析法

本书运用案例分析方法,在分析行动者网络理论中"非人"行动者的行动能力来源、行动者网络与行动者之间的关系、行动者网络演化的动力机制、如何提高网络的"生机"与活力等问题时,将选取拉图尔的著作,如《实验室生活》《科学在行动》《法国的巴斯德化》等中的典型案例,从机体哲学角度重新解读并作以说明,加深理解行动者自身蕴含的机体特征,深入挖掘行动者网络中"关系"的特点,为进一步提出如何增强整个行动者网络的"生机"和活力等对策提供研究基础。

第二章　理论基础和概念解析

从机体哲学视角解读行动者网络理论，需要将机体哲学方法论作为理论出发点，并且将涉及行动者网络理论的相关理论作为思想资源。在借鉴和吸收中西方机体哲学、科学知识社会学等相关理论的基础上，形成基于中国文化背景的机体哲学的研究视角，且在该视角中分析行动者网络理论的特殊含义。这是本研究的理论起点。为此需要对本研究的理论基础做必要的说明，指出本研究从哪些方面吸收和借鉴了相关理论的思想方法。然后，需要对本研究涉及的基本概念做必要的解释说明，表明本研究在何种意义上理解和使用这些概念，并以此为基础建构相应的理论模型。

第一节　理论基础

一、机体哲学的理论资源

机体哲学是指对各种机体结构、功能和演化规律的一种哲学反思，但是在回答"什么是机体？"这一问题上，中西方的机体哲学有明显不同。"机体"在英文中是"organism"，这个词最初源自"organ"，原指风琴类乐器发声的孔腔，后来引申为"器官""工具"或者"机构"。由于较复杂的各类生物都是众多器官的集合体，因此西方人就将"有机体"或"机体"命名给了生物。① 在西方哲学史上，从器物的结构特征来理解"机体"是主流倾向，如笛卡尔主张的"动物是机器"、拉美特利主张的"人是机器"等观点。关于机体的存在特征、演化规律和相互关系的研究，可以从两个方向展开：一是强调机体的存在特征、演化规律和相互关系仅仅属于机体所有，因而必须寻找只适合说明机体的特殊范畴、方法和路径；二是从强调机体与其他物体的共性角度研究机体，运用普遍的范畴、方向和路径，甚至最终将机体的性质归结为无机事物的性质影响的结果。本书讨论的机体哲学主要是基于第一个方向。

西方机体哲学在演化过程中大体形成四种基本类型："目的论类型"（主要代表人物为亚里士多德）、"活力论类型"（主要代表人物为莱布尼茨）、"过程论类型"（主要代表人物为怀特海）和"系统论类型"（主要代表人物为贝塔朗菲和汉斯·尤纳斯）。② 为了更好地阐述机体哲学在研究行动者网络理论方面的重要价值，有必要专门讨论一下怀特海的机体哲学，因为怀特海的机体哲学对行动者网络理论产生了重大影响。

英国著名哲学家怀特海最先明确建立现代意义上的"机体哲学"学说，他的机体哲学主要有两个特点。一是"泛机体论"。在怀特海看来，机体的本质是一种具有时间感的过程，他认为"现实实有"（actual entity）是构成世界的终极实在事物。机体成为一种广义的存在，只要是有一定规律的有序结构体都是机体。机体范围覆盖广泛，不仅包括传统的"生命机体"，也包括分子、原子和电子等传统上被认为是"无机体"的存在。二是强调机体的关系本质。怀特海认为机体的内在关系构成了机体的要素，并且机体的关系在某种程度上具有一定独立性，这是一种完全不同于实体决定论的"关系实在论"的观点。怀特海基于机体的关系本质，认为机体还具有以下三个基本性质：首先，机体具有持续性，这意味着存在一个固有的事实，即从一个事物转化

---

① 阿西莫夫. 科技名词探源 [M]. 卞毓麟, 唐小英, 译. 上海：上海翻译出版公司, 1985：190.
② 王前, 于雪. 西方机体哲学的类型分析及其现代意义 [J]. 自然辩证法研究, 2016, 32 (4)：85-90.

为另一个事物的过程。其次，机体具有流变性。还原论认为一个实在能够以无限小的"点"的形式来对其加以描述，而量子力学认为某些可以渐增渐减的效应实际上都是以某种明确的跳跃方式增减的，两个连续的创造性生存之间总有一个未裁定的时间段。怀特海吸收了量子力学的成果，认为机体的流变是一个从过去、现实到未来的"传递"过程，而并非一个中断的过程。个体的同一性是瞬息万变的能动性世界与不朽的价值世界的融合。最后，机体还具有"创生性"。机体与机体之间、机体与环境之间是一个开放的过程，是一个相互摄入的过程。"摄入"的英文是 prehension，它兼具把握、领会、忧虑三层含义，表达了机体的多重生存状态。① 在怀特海看来，实有和永恒客体是实在的两种基本类型，实有的摄入是物理摄入，永恒客体的摄入是概念摄入。因此，摄入是一个概念与物质的双重摄入过程，这使得机体处于不断的更新中。②

从怀特海的机体哲学出发，有助于理解拉图尔的行动者网络理论，主要表现在：一方面，行动者网络理论吸收了怀特海的过程思想，对行动者和行动者网络的分析侧重于动态的方面，例如，通过"转译"描述出行动者之间互动的特点；另一方面，行动者网络理论也坚持了关系主义立场，主张网络变化的原因是行动者之间关系的变化，并且网络的建构稳固程度也与外界联系的紧密程度有关。③ 但是，怀特海的机体哲学也有一些缺陷：第一，怀特海的"泛机体论"难以区别"机体"与"非机体"；第二，怀特海的机体哲学虽然说明了机体的能动性，但是并不能深层次解释这种能动性的来源等问题。这些缺陷需要通过基于中国文化背景的机体哲学来弥补，这样才能更好地推动对行动者网络理论的研究。

中国文化背景的机体哲学是中国学者们借鉴西方机体哲学思潮，基于中国传统文化思想资源开展的机体哲学研究成果。中国文化对"机体"有不同角度的理解。首先从中文的字源上来看，"机"的繁体字是"機"，源自

---

① 王立志. 怀特海的"摄入"概念 [J]. 求是学刊, 2013, 40 (5): 33-38.
② 王立志. 怀特海的"摄入"概念 [J]. 求是学刊, 2013, 40 (5): 33-38.
③ 刘世风. 相对主义与实在论之间：拉图尔的关系主义分析 [J]. 自然辩证法通讯, 2010, 32 (1): 17-21.

"幾"。《说文解字》中"幾"指的是"微也，殆也"。"幾"从字形上来看是由一个"戍"和两个"幺"组成，"戍"指的是"兵守"，而"幺"指的是年幼的儿童。①"幾"的字面意思是由两个小孩子把守城池，这显然是很危险的事情。这种预示危险的征兆称为"幾"，引申为各种事物变化的萌芽。②"機"比"幾"多一个"木"字旁，这个繁体字最初是指弩箭上的"弩牙"，它是弩箭发射的机关，只要扣动这个发射机关弩箭就会发射出去，这种机关意味着对器械运动过程和结果的控制，现代枪炮上的发射机关也运用了同样的原理。简言之，"機"的特征在于以"由很小的投入取得显著的收益"为目的。③ 现代汉语中许多由"机"组成的词语，诸如商机、机遇、机会、机巧、机缘等，都反映出"机"的价值，即利用很小投入获得较大回报，主动控制事物的发展趋势，体现主观行动能力。中国文化背景的机体哲学不仅从"机"的角度去理解"机体"，它还关注"机体"的生长态势，即"生机"。"生机"是"生"与"机"的结合。《说文解字》中将"生"解释为"进也，像草木生出于土上"。从字面上看，"生"字描绘的是在土壤中长出幼苗，引申为自然呈现的新事物、新形态。④"生机"不仅具有"机"的特性，即"以很小投入取得显著收益"，而且体现了"生"的特征，就是能够新陈代谢、自主调控、进化繁殖、具有目的性。概括说来，"生机"的特性指的是"能够以很小的投入取得显著收益的生长壮大态势"，具有"生机"的存在物才是机体，这是"机体"与"非机体"的根本区别。⑤ 我国学者在从"机"或"生机"角度看待"机体"特征方面，已经有了一定研究基础。例如，新儒家学者方东美的生命哲学中已经关注到生命的"变化通幾"的特征。⑥ 李志超专门讨论了"机"的作用，他称之为"机发论"。⑦ 朱葆伟从系统科学和过程哲

---

① 许慎.说文解字［M］.北京：中华书局，1963：84.
② 王前.关于"机"的哲学思考［J］.哲学分析，2013，4（5）：137-143.
③ 王前.关于"机"的哲学思考［J］.哲学分析，2013，4（5）：137-143.
④ 许慎.说文解字［M］.北京：中华书局，1963：127.
⑤ 王前.生机的意蕴：中国文化背景的机体哲学［M］.北京：人民出版社，2017：3.
⑥ 李春娟.方东美生命哲学阐释［J］.南京林业大学学报（人文社会科学版），2006（1）：30-35.
⑦ 李志超.機发论：有为的科学观［J］.自然科学史研究，1990（1）：1-8.

学的视角专门讨论过机体模型的意义和局限性。他关注从机体活动引出价值判断的问题，认为自然事物之间的"意义—效用"关系是一种"准价值"或"前价值"，有助于在人与自然、身与心统一的基础上理解价值的发生、本质与特征。① 王前在此基础上进一步提出了以"生机"为逻辑起点的机体哲学理论框架。② 这些理论成果是本书从机体哲学视角研究行动者网络理论的思想基础。

基于中国文化背景的机体哲学视"生机"为"机体"的本质特征，以此为基础开拓的是一个与西方机体哲学理论平行发展的研究思路，可以弥补西方机体哲学的不足。怀特海把以往自然科学研究中忽略的而在机体研究中凸显出来的"结构""关系""过程""生成"等范畴视为机体的本质特征，实际上取消了"机体"与"非机体"事物的区别，容易导致"泛机体论"，这是很多哲学家所不能接受的。中国文化背景的机体哲学强调并非一切事物都是"机体"，需要从是否具有"生机"出发，对机体的具体存在形态进行新的类型论分析，揭示以往对各类机体认识方面容易被忽略的性质。用"生机"来解释"机体"或"有机联系"，优势是非常明显的。

首先，用"生机"来解释"机体"或"有机联系"，能够充分阐释"机体"与"非机体"的根本区别。怀特海之所以带有将一切事物视为机体的"泛机体论"倾向，一个重要原因是怀特海认为具有"结构"的事物都是机体，可是"机体"与"非机体"如果仅从结构的角度来看是难以区分开的，所以"结构"并非机体的最本质特征。而"生机"作为机体的本质特征，能够有效地区分"机体"与"非机体"。比如，死亡的动植物尽管还是有机物，但由于已经没有了"生机"，显然就不应该归为机体范畴。

其次，用"生机"来解释"机体"或者"有机联系"，能够充分阐释"生命机体"之外的具有机体特征的人工物、社会组织和精神体系。基于"生机"的机体哲学认为，人能够将自身的属性赋予人工物系统、社会组织和观念体系，它们都属于机体，分别是"人工机体""社会机体""精神机体"。

---

① 张华夏. 广义价值论 [J]. 中国社会科学, 1998 (4): 25-37.
② 王前. 以"生机"为逻辑起点的机体哲学探析 [J]. 武汉科技大学学报（社会科学版）, 2017, 19 (5): 520-525.

这三种"机体"所蕴含的机体特征需要仔细分辨才能发现，例如，人们往往用费力很小的操作（"投入"）作用于人工物，通过人工物构成的技术应用系统提高工作效率和经济效益（"产出"），这显然是"生机"在其中起着重要的作用。"社会机体"（企业、学校、社团等）和"精神机体"（语言体系、文化体系等）也有类似特征。将"机体"划分为"生命机体""人工机体""社会机体""精神机体"这四种基本类型，恰好对应于人类区别于其他动物的本质特征，即除了生命特征之外，人类能够制造和使用工具、人类具有社会性（"人是一切社会关系的总和"）、人类具有意识和思维能力。

最后，行动者网络理论与基于"生机"的机体哲学在多方面都有对应的关系，这有助于更好地研究行动者网络理论。第一，在对待行动者或者机体互动影响的作用上。行动者网络理论主张混合本体论或行动本体论，人与"非人"行动者互动产生了相互影响；机体哲学同样认为，机体之间的影响也是双向的，并非仅是人对物的影响，但不同的是机体哲学强调互动中还涉及"生机"的传递作用，这一点则是行动者网络理论所忽略的。第二，对衡量行动者或者机体构成网络的评价上。行动者网络理论有一整套评价行动者网络的指标，但是其中并不涉及对网络"生机"的评价，这导致评价指标具有不足，因而遭到学者们的质疑，而机体哲学提出的趋势分析和状态分析为弥补这一不足提供了有效的思路。

二、科学知识社会学的研究背景

科学社会学萌芽于 20 世纪 30 年代，这与当时美国著名社会学家罗伯特·K. 默顿（Robert King Merton）所做的开拓性研究分不开。默顿作为科学社会学的创始人，确立了科学社会学研究的功能主义范式。到了 20 世纪 70 年代，西方科学社会学在学术上出现了重大转变：一方面，"科学的社会研究"（social study of science）有了很大发展；另一方面，一大批学者开始关注科学知识问题，科学知识社会学（SSK）研究由此兴起。新的研究取向完全改变了传统的实证主义科学观，主张科学知识跟其他知识形态并无本质的区别。他们认为科学知识也是社会建构的产物，必然受到社会文化因素的影响，故这种观点又被称为社会建构论。这些学者主要来自英国的爱丁堡学派和一些受欧洲大陆传统影响的其他学派,这里主要介绍爱丁堡学派。

爱丁堡学派的核心观点有两个——强纲领与利益模式。①

"强纲领"(strong programme)有时也被称作"强命题"(strong thesis),是指最早由英国爱丁堡学派系统阐发的知识社会学主张,爱丁堡学派的代表人物布鲁尔将上述主张归纳为四条原则。一是"因果性"(causality),即知识社会学的说明模式是因果性的,它应当涉及那些导致各种信念或知识之状态的条件。这些条件中除了社会原因外,还会有其他原因类型共同起作用。二是"公正性"(impartiality),即知识社会学应当公正地对待真理和谬误、理性或非理性、成功或失败。这些对立范畴的两方面都需要加以说明。三是"对称性"(symmetry),即知识社会学在说明风格上应当是对称的。同一种类型的原因应当既可以说明真实的信念,也可以说明虚假的信念。四是"反身性"(reflexivity),即从原则上说,知识社会学的各种说明模式必须能够运用于它自身。如果不是这样,知识社会学就会成为它自己各种理论的有效驳斥。②

"利益模式"有两个核心概念,一个是"范例"(exemplar),另一个就是"利益"。"范例"在含义上接近于"范式",在库恩后期的语境中是指学科基质或范式中的主要组分,它的扩展和应用是科学发展的基础。③ 科学行动是目标取向的或有私利的,因而在社会学看来,科学行动的兴趣就是由特定方式的行动所推进的目标和利益。后者在任何情况下都与科学研究相联系,并作为构成研究行动的促动因素起作用。这样,目标和利益就可以用来说明科学行动结果的变化,即知识的变迁。"利益"是爱丁堡学派的另一个重要概念,也是一个相对模糊和多义的概念。④ 爱丁堡学派使用"利益"概念是为了解决所谓"归因问题"(imputation problem),即"思想或信念是否以及如何能

---

① 赵万里.建构论与科学知识的社会建构[D].天津:南开大学,2000:45-46.
② 赵万里.建构论与科学知识的社会建构[D].天津:南开大学,2000:46.
③ 西斯蒙多.科学技术学导论[M].许为民,孟强,崔海灵,等译.上海:上海世纪出版集团,2007:4.
④ FISH S. Doing What Comes Naturally: Change, Rhetoric, and the Practice of Theory in Literary & Legal Studies [M]. Durham: Duke University Press, 1989: 54.

被认为是社会阶级或其他集团的特殊利益的结果"。①

从科学知识社会学出发,对研究行动者网络理论具有独特的优势:一方面,拉图尔在他早期的研究中深受社会建构论的影响,并将其贯穿到他早期的著作特别是《实验室生活》和《科学在行动》中,从科学知识社会学出发能够更好地理解拉图尔的早期作品。例如,在社会建构论看来,每个人拥有的知识数量并不仅仅是其自身知识生产的结果。因此,个人与世界的相互作用不足以解释个人所拥有的知识,绝大多数的知识都有不同的起源,可以看作集体知识。② 每个人的大部分知识都来自集体知识,而不是经验研究。科学知识同样也具有社会属性,而非"中立客观"的,这样就可以更好地理解科学知识在实验室中的微观构建过程。另一方面,从知识社会学出发能更好地理解社会因素在"非人"行动者发挥作用的机制,从而推动对行动者网络理论的研究。拉图尔在网络的演化中提出的"转译"机制,着重强调了行动者之间因为具有能动作用而产生了相互影响。③ 从知识社会学强调的社会建构论出发,能够更好地理解"非人"行动者被"嵌入"社会因素的机制。比如,当前我国的网络游戏运营明确规定必须有"防沉迷"系统,以规避未成年人过分沉迷网络游戏。而"防沉迷"软件之所以会被明确"嵌入"网络游戏运营中,实际上来自政府管理部门、厂商和消费者之间博弈的结果,从知识社会学角度可以更深入地理解这种"嵌入"机制。

三、行动者网络理论的研究成果

行动者网络理论出现在 20 世纪 80 年代中期,其理论的提出和发展离不开拉图尔、法国社会学家米歇尔·卡龙和英国社会学家约翰·劳三位理论家的贡献。行动者网络理论的基本思想是:科学技术实践是由多种异质成分彼

---

① BARNES B. Interests and the Growth of Knowledge (RLE Social Theory) [M]. London: Routledge, 2014: 45.
② 刘晓力. 科学知识社会学的集体认识论和社会认识论 [J]. 哲学研究, 2004 (11): 61-66.
③ 王前, 陈佳. "行动者网络理论"的机体哲学解读 [J]. 东北大学学报(社会科学版), 2019, 21 (1): 1-7.

此联系、相互建构而成的网络动态过程。其基本的方法论规则是"追随行动者",即从各种异质的行动者中选择一个,通过追随行动者的方式,向读者展示以此行动者为中心的网络建构过程。在网络建构过程中,自然与社会、人与物以及行动者之间的边界在不断地改变,同时网络的范围逐渐从局部扩展开来,力量由弱到强,边界由模糊到清晰并相对固定下来。正是通过这种建构,知识、社会、自然的区分也开始形成,但这些都只是暂时的成就,因为已有的网络不断地被改变,新的网络也在不断地生成,以此展示科学技术的整个实践过程。[1]

行动者网络理论的基本纲领表述如下:[2]

(1) 广义对称性原则。行动者网络理论认为必须完全对称地处理自然世界与社会世界、认识因素与存在因素、宏观结构与微观行动等这些二分事物。拉图尔在坚持广义对称性原则的过程中遭到了一些学者的批评,因为人与"非人"行动者很难达到行动能力上的平等,但拉图尔给予了回应,认为这个原则并非为了实现人与"非人"行动者的平等,而是强调分析上的平等。[3]

(2) 行动者网络。凡是参与到科学实践过程中的所有因素都是行动者,行动者存在于实践和关系之中,"异质性"(heterogeneity)是其最基本的特性,表示不同的行动者在利益取向、行为方式等方面是不同的。人与"非人"行动者互动形成了行动者网络,并且在网络中,所有的行动者都具有行动能力。

(3) "转译社会学"(sociology of translation)。转译是一种角色的界定,只有通过转译,行动者才能被组合在一起建立起行动者网络。在网络之中,行动者之间被期望能建立起稳定的关系。转译表明了行动者之间的相互理解,在符号学意义上反映了行动者之间的相互作用,它可以把来自社会和自然两方面的一切因素纳入统一的解释框架。如前面所提到的,塞尔提出了"转译"

---

[1] 郭明哲. 行动者网络理论(ANT):布鲁诺·拉图尔科学哲学研究[D]. 上海:复旦大学,2008:132-133.
[2] 郭俊立. 巴黎学派的行动者网络理论及其哲学意蕴评析[J]. 自然辩证法研究,2007(2):104-108.
[3] 李雪垠,刘鹏. 从空间之网到时间之网:拉图尔本体论思想的内在转变[J]. 自然辩证法研究,2009,25(7):52-56.

这个概念。随后，卡龙、拉图尔和劳对"转译"这个概念都做出了不同的贡献，但让这个概念真正得到学术界认可的是卡龙。前面提到，卡龙将"转译"细分为四种不同的环节，即问题化、赋利化、招募和动员，① 这四种策略在国内外运用行动者网络理论进行案例分析的过程中被广泛应用。因此，在这种意义上，行动者网络理论通常也被称为"转译社会学"。

从行动者网络理论出发，能更好地理解异质网络的建构过程。行动者网络理论将社会行为看作网络构建的过程，通过卡龙所说的问题化、赋利化等基本环节，促成异质行动者相互协作，逐渐形成稳定运作的网络。以科学论文的生产工作为例，科学论文的生产是一项复杂的社会文化工程，并非科学家在实验室中通过研究数据便能够独立完成的工作。从选题到出版，从传播到接受，科学论文牵涉诸多包括人和物在内的异质行动者。对科学论文进行描述性研究，需要我们指认出科学论文过程有哪些行动者的参与，并且追寻这些行动者之间的联系，从而了解整个科学论文生产网络的动态形成过程。从行动者网络理论出发还能更好地理解行动者之间的相互影响。在行动者网络理论所提出的转译社会学中，"转译"（translation）不是简单的信息传递，而是意味着将原先不同的事物联系起来，在其中创造"汇聚点"（convergences）和"共通性"（homologies）。② 以语言的翻译工作为例，翻译的过程并不单纯是一种语际间传递信息的方式，在更重要的意义上，翻译还是一种文化知识的建构过程。

---

① CALLON M. Some Elements of a Sociology of Translation：Domestication of the Scallops and the Fishermen of St Brieuc Bay [J]. The Sociological Review, 1984, 32（1）：205-206.
② CALLON M. Struggles and Negotiations to Define What Is Problematic and What Is Not：The Sociologic of Translation [J]. The Social Process of Scientific Investigation, 1980, 4：197-219.

第二节 概念解析

一、机体哲学视野中的"行动者"

拉图尔放弃了主体和客体二元对立的范畴,使用了"行动者"这个词,将其区分为两种不同类型的行动者:人类行动者和"非人"行动者。拉图尔先后指代"行动者"的词有很多,比较常见的是 actor、actant、agent、object 和 agency。就词语使用而言,"actor"一般是指有目的和意图的人;"actant"不仅包括人,还包括物。拉图尔一般是在代理(delegation)的意义上使用"agent"一词,所以作为"代理人"意义上的行动者既可以指人,也可以指物。由于拉图尔拒绝传统的"主客二分",所以不能将这个词错认为传统意义上的"主体"。"object"也不是传统意义上的"客体",这个词更多地涉及"物"。"agency"这个词在拉图尔的著作中指代"行动者"的次数比较少,一般是指"行动能力"。国内学者对这四个词的关系有两种不同的意见:贺建芹在其博士论文中认为"agent = actor + object = actant"[①],而吴莹等则认为"agency = actor + object = actant"[②]。本书比较赞同贺建芹的意见,因为"agency"在拉图尔的著作中多指"行动能力"而非"非人"行动者,吴莹的等式"agency=actant"在拉图尔众多著述中成立的机会十分有限,而贺建芹的等式"agent=actant"在拉图尔的著述中随处可见。

拉图尔的"非人"行动者的外延非常广泛,它作为一个总括性术语,用于涵盖范围虽然广泛但最终有限的实体。例如,拉图尔在《我们从未现代过》中,将"事物、物体和动物"归入"非人"行动者的范畴;在《重组社会》中,"非人"行动者的例子包括"微生物、扇贝、岩石和船只"。更系统地

[①] 贺建芹. 行动者的行动能力观念及其适当性反思 [D]. 济南:山东大学,2011:79.
[②] 吴莹,卢雨霞,陈家建,等. 跟随行动者重组社会:读拉图尔的《重组社会:行动者网络理论》[J]. 社会学研究,2008(2):222.

<<< 第二章 理论基础和概念解析

说,这个词可以用来表示动物、自然现象(如珊瑚礁)、工具和技术构件(如光谱仪)、材料结构(如污水治理网络)、运输设备(如飞机)、文本(如科学论文)、商品等实体。而人类、超自然实体(如"飞碟")等则被排除在这个术语之外。前面提到,新西兰奥克兰大学教授埃德文·塞耶斯将"非人"行动者在外延上总结为四类:人类社会的构成者、转译者、"道德物化"者以及聚集时间和空间的集合体。① 下面对此进行具体讨论。

第一类是人类社会的构成者。一些"非人"行动者参与构成了人类社会,如打卡机参与并促进了企业的正常运行,国旗和国歌等在社会生活中也发挥了类似的功能。第二类是转译者。"非人"行动者具有影响人类行为的行动能力,但是这种行动能力并不是我们一般人认为的"主动做事情"的能力,恰恰相反,是指一种"被动做事情的能力"。例如,当司机驾驶汽车经过减速带时,司机为了避免车的汽车悬架被破坏,会减慢车速。减速带作为人工物,本身并没有意识主动地做这件事情,而是它在和驾驶车的司机互动中使得司机被迫做出这样的抉择,减速带拥有的这种能力来自工程师最初的设计(本书将在后面的第三章第一节中详细论述)。虽然这种能力和人有意识有目的地做事情的能力相比是"被动的",但是在拉图尔看来,"非人"行动者拥有的行动能力和人在本质上是一样的,并且这种能力也是长期被人们尤其是科学家所忽视的。基于这种对行动者全新的理解,拉图尔认为所有的行动者都是"转义者"(mediators)而不是"中介者(又称传义者)"(intermediaries)。转义者和中介者的区别是行动者网络理论的关键。对研究者而言,中介者(相当于"中间人")是不会产生差异的实体,因此可以被忽略,它们或多或少地传递着其他实体的力量,但中介者本身不发生变化;转义者则是使差异成倍增加的实体,因此应该成为研究的对象,并且"他们的产出不能由他们的投入来预测"。② "一个行动者,就是说它在其他事物的驱使之下从事行

---

① SAYES E. Actor-Network Theory and Methodology: Just What Does It Mean to Say That Non-humans Have Agency? [J]. Social Studies of Science, 2014, 44 (1): 134-149.
② LATOUR B. Reassembling the Social: An Introduction to Actor-Network-Theory [M]. London: Oxford University Press, 2005: 39.

动。"① 第三类是"道德物化"者。拉图尔曾经撰文《何处去寻找暗物质?》(*Where Are the Missing Masses*?)指出,"非人"行动者在与人的互动中承载并发挥了和人类一样的道德职能,但是这种职能往往是被社会学家视而不见的,就如同物理学家一直在寻找的"暗物质"一样。② 比如,汽车有专门的装置发出声音提醒乘客系好安全带;又如,一次性杯子上会写上"响应环保,从你我做起",这种刻意印上的文字提醒消费者在使用该产品过程中必须搞好环保。第四类是聚集时间和空间的集合体。"非人"行动者在行动者网络中拉近了行动者之间的空间距离,例如,微信使得人们能够在物理距离很长的空间中自由地交流。此外,"非人"行动者尤其是人工物身上还叠加了不同时间段的技术,例如,汽车的各个部件发明的时间是不一致的,但是很巧妙地叠加在一起组成了汽车(这一点本书将在第四章第一节第一目中详细讨论)。

以上就是拉图尔对行动者及其行动者能力的理解。在机体哲学看来,行动者网络中的行动者其实就是各种类型的机体,包括生命机体、人工机体、社会机体和精神机体。人本身作为行动者,不仅仅是生命机体,人体中也可能包含人工机体(如义齿、假肢、心脏支架等),人的头脑中也包含精神机体(如语言、知识系统等)。而"非人"行动者按照拉图尔的说法,显然对应于各种相对独立的人工机体、社会机体和精神机体。在这个意义上,人与"非人"行动者之间的划分也不是绝对的,两者之间可能有一定程度上的相互渗透。另外,在网络中的行动者之所以是具有行动能力的"转义者"而不是"传义者",是因为行动者本身就具有"生机"这种特殊机制。具备这种能力的"非人"行动者才可以被称为行动者,它们才会体现"转译"的功能,才能够被称为"转义者"而非"传义者"。进一步讲,必须从基于中国文化背景的机体哲学出发,才能有助于发现并关注行动者除了"行动能力"以外的其他属性和特点,例如,行动者能够演化、行动者之间的属性能够相互渗透

---

① LATOUR B. Reassembling the Social: An Introduction to Actor‑Network‑Theory [M]. London: Oxford University Press, 2005: 46.
② LATOUR B. Where Are the Missing Masses? The Sociology of a Few Mundane Artifacts [M]//BIJKER W E, LAW J. Shaping Technology/Building Society. Cambridge: MIT Press, 1992: 239-254.

等。这一点将在后面进一步说明。

二、机体哲学视野中的"行动者网络"

在拉图尔看来,行动者最主要的作用就是促成"联系"(association)或"连接"(connection),从而消除空间的距离感,而行动者网络就是由不同的行动者组成的网络。"行动者网络"并非实指意义上的有形网络,而是行动者活动过程中留下的轨迹集合。"网络是一个概念,而并非外在的一种事物。它是有助于描述某种事物的一种工具,而非正在被描述的东西。"① 以行动者网络为工具,研究者可以追踪行动者的运动与变化。行动者越活跃,与其他行动者之间的关系或连接就越多,其组成的行动者网络就越复杂,它会不断地向外扩散。到最后,所有的因素,不管是人还是"非人"行动者,都会被包括在这个网络之内。基于此,拉图尔认为:"没有必要到行动者网络的外部去寻找一些神秘或普适性的解释。如果缺少了什么,那是因为描述不完整。"② 也就是说万事万物都包括在网络中,理解事物也只能在网络中去寻找。从网络属性的角度看,行动者网络的特点可以总结为以下三点。一是动态之网。行动者网络是由一系列行动者组成,任何行动者都可以被视作成熟的转义者,它们构成了网络上的节点,而"每个节点都可以成为分支、事件或新的转译的源头"③,它们一系列的行动在不断地产生运转的效果。行动者网络强调作用、流动、互动、变化的过程,本质上是不断变化和更新的动态之网。二是关系或联系之网。在行动者网络理论中,行动能力不能离开行动者之间的关系。④ 行动者网络理论把稳定的关系或联系视为塑造网络空间和时间的方法,通过这些方法,世界被构建起来并被分层。行动者网络理论要揭

---

① LATOUR B. Reassembling the Social: An Introduction to Actor-Network-Theory [M]. London: Oxford University Press, 2005: 131.
② LATOUR B. Reassembling the Social: An Introduction to Actor-Network-Theory [M]. London: Oxford University Press, 2005: 131.
③ LATOUR B. Technology Is Society Made Durable [J]. The Sociological Review, 1990, 38 (1): 103-131, 128.
④ CALLON M. Techno-Economic Networks and Irreversibility [J]. The Sociological Review, 1990, 38 (1): 132-161.

示的是社会和物质过程中主体、客体和关系等在复杂的联系中如何紧密地缠绕在一起的。比如，从孤立的观点来看，电视机仅仅只是一个技术产品，但是从行动者网络的观点来看，它却没有这么简单：首先，电视机有其运行的技术原理以及不断创新其技术原理的研发者；其次，技术原理要通过物质来承载，电视机还离不开设计电视的工程师；最后，电视机的诞生还直接涉及工厂的生产线和工人的装配劳动。所以，一台电视实际上处于行动者网络中，这个网络包含了研发者、工程师、工人、工厂和电视运行原理等众多的行动者。电视的诞生离不开这个包含众多行动者的网络，同时它也将各种行动者不断拉入这个行动者网络。三是无形之网。行动者网络并非有着相互连接的节点形状的外在之物，就像电话、高速公路或下水管道等纯技术意义上的物质实体网络，行动者网络的节点是概念意义上的而非实指意义上的。

从某种意义上来说，拉图尔认为行动者网络类似于"民族学方法论"（ethnomethodology）中的一个概念——"独特适当性"（unique adequacy）。民族学方法论学派是20世纪60年代发展起来的微观社会学学派之一，它强调个人间的微观互动过程，并不试图概括出普遍规律，而只注意对日常生活的语言及行为意义的经验研究，尤其是对行为者实际动作的观察分析，而"独特恰当性"则是指对要研究的环境只作出描述性解释，并坚定地拒绝非该环境固有的解释性理论。[①] 因此，在民族学方法论看来，行动者网络仅仅是相关主题文本的性质的"指示器"（indicator）而不是文本本身，网络是那些能将一系列行动者解读为转义者的东西，而不是呈现在文本中的东西。[②]

基于中国文化背景的机体哲学认为，行动者网络和机体哲学所研究的机体内部和外部关系网络既有区别也有联系。这两种网络的共性在于：第一，都强调网络是行动者或机体存在的前提。正如拉图尔多次强调电脑只能存在于工程师、企业家、维修工人、电路系统等组成的网络中那样，脱离了机体内部和外部关系网络的机体也会丧失存在的前提，如列宁指出，"身体的各个部分只有在其联系中才是它们本来应当的那样。脱离了身体的手，只是名义

---

① ROOKE C R, ROOKE J A. An Introduction to Unique Adequacy [J]. Nurse Researcher, 2015, 22 (6): 35-39.
② 贺建芹. 行动者的行动能力观念及其适当性反思 [D]. 济南：山东大学，2011：102.

上的手"。① 第二，都强调行动者或者机体在网络中会发生属性的相互渗透。拉图尔认为在行动者网络中人与物的属性是相互流动的，不存在固定的客体和主体，例如，减速带的出现就是人工物的使用"嵌入"了社会规则。机体网络同样也会发生这样改变，例如，人与人工物的混合体"赛博格"（cyborg）就是不同类型机体耦合的结果。综合以上两点，无论是行动者网络还是机体哲学的机体网络，都阐释了关系范畴的重要性。但这两个网络也有区别。机体网络不仅强调以上两个共同点，还特别指出网络具有以下特点。一是网络具有动态稳定性。即使行动者自身发生某种改变，他（或它）们之间的联系通道却可以保持不变，这是"行动者网络"能够抵御外部和内部的各种干扰并保持稳定属性的重要前提条件，而这种性质也需要通过网络保持。二是强调机体网络是一个传递"生机"的网络。基于中国文化背景的机体哲学认为，组成网络的行动者/机体因为具有"生机"这种特殊的机制，所以行动者/机体组成的网络实际上是一个传递"生机"的网络。由于网络中"生机"的存在，单一外界因素的变化便会引起整个网络的连锁变化，而如果这个网络缺乏"生机"，也就失去了行动者网络存在的价值。例如，马路上的减速带和偶尔出现的水坑都能够使得车辆减速，但是前者能够被赋予特定功能，而后者往往遭到被填平的命运。其原因在于前者是"人工机体"，具有"生机"，并和人结成了"行动者网络"；而后者尽管是"物"（如果按照拉图尔的说法，似乎也可以被视为行动者），但它不是"人工机体"，不具有"生机"，甚至会给人带来麻烦，所以人们会设法排除它。在实验室和工厂里出现故障的设备同样可以被视为行动者网络中的行动者，但由于失去"生机"，也就不再具有行动能力。通过网络能够传递"生机"这一特征，也同样可以深层次地解释网络的动态稳定性。某一个行动者/机体的存在，不仅要体现其能够将"生机"传递给其他行动者，还依赖于其他的行动者/机体给他（或它）提供"生机"，保证其能够持续存在下去。"行动者网络"中的各种关系就是传递"生机"的联系通道，而各种联系通道交织在一起必然构成行动者网络。

---

① 中共中央马克思恩格斯列宁斯大林著作编译局. 列宁全集：第38卷[M]. 北京：人民出版社，1965：217.

从这个意义上说，拉图尔所说的"行动者网络"可以视为机体哲学所研究的机体内部和外部关系网络的一种具体表现形态，而机体哲学视野中的"行动者网络"可以展现其更多的、更深层次的特征，所以从机体哲学角度解读拉图尔的行动者网络理论是有价值的、十分必要的。

第三章 "生机"——"非人"行动者行动能力的来源

拉图尔在阐释和发展行动者网络理论时,"非人"行动者的行动能力是他一直强调和讨论的重点。因为"非人"行动者只有拥有了行动能力才能产生"转译"的作用,才能推导出行动者网络理论描述的后续结论,可以说"非人"行动者的行动能力是行动者网络理论的基石。行动者网络理论侧重于描述"非人"行动者的行动能力对构建整个网络的贡献以及对网络中人的行为的影响,但对"非人"行动者行动能力的来源问题却缺乏进一步的探讨。从基于"生机"的机体哲学出发,能够清楚地回答"非人"行动者行动能力的来源问题,进而帮助厘清行动者网络理论的"基石"的意义和价值,有助于推动该理论的发展。

第一节 拉图尔对行动能力来源的理解及评价

拉图尔早期认为"非人"行动者的行动能力来源于"代言"——人代表"物"发言,但在其后的研究中,他强调了"铭写"机制——人能够将"脚本"写入"非人"行动者之中。这种解释是否完全正确?存在哪些方面的问题?该如何解决这些问题?要回答以上问题,必须从基于中国文化背景的机体哲学角度进行解读,因为对这些问题的回答需要从机体特有的"生机"的机制去研究。

一、从"代言"到"铭写"

前面说过,在行动者网络理论中,行动者并非不产生任何差异的仅处于被动地位的传义者,而是具有制造差异、具有行动能力的"转义者"。行动者由于具有行动能力,会造成网络中各种条件和信息发生转化,这种转化就是"转译"。在解释"转译"这个词时,有必要把其他几个相关概念澄清一下:一个是"mediation",另外一个是"transfer"。刘鹏在翻译拉图尔的《我们从未现代过》一书中,将"mediation"这个词翻译为"转义"。① "mediation"和"转译"的含义接近,但是它更强调对原有语言上或行动上的改变,例如,在《我们从未现代过》一书中,就用于说明波义耳将以前一部分专属于国王的权威转义为实验室中科学家对实验结果享有的独有权威。② 当拉图尔意在说明"非人"行动者的行动能力对人的影响的时候,"mediation"多用于说明被嵌入了脚本的人工物对人行为的影响。但是,该词翻译为"转义",就需要避免与另外一个词"transfer"发生混淆。"transfer"是语言学上经常用的一个词,它是指字、词由原义引申、比喻而形成的新意,有的时候,这个词还会被另外一个修辞词"trope"来替代,着重指的是语言意义上的改变,③ 而拉图尔用的"mediation"一词远远超出了语言学"transfer"的范畴,因为它也指行动上的改变,虽然在汉语中都可以被叫作"转义",但含义明显不同。总的说来,"mediation"专属于行动者网络理论,能够带来"转译""translation"效果——既强调行为上又强调语言上的改变;而"transfer"则属于语言学范畴,仅强调语言意义上而不涉及行动上的变化。

从"转译"这个意义上看,无论是行动的"人"(actor)还是"物"(object),都是行动者(actant),行动者包括在相互结成的网络之中具有行动

---

① 拉图尔. 我们从未现代过:对称性人类学论集 [M]. 刘鹏,安涅思,译. 苏州:苏州大学出版社,2010:21.
② 拉图尔. 我们从未现代过:对称性人类学论集 [M]. 刘鹏,安涅思,译. 苏州:苏州大学出版社,2010:21.
③ 孙云霏. 物质、转义、述行:意识形态的认知结构与语言机制:论保罗·德曼的美学意识形态理论 [J]. 深圳社会科学,2020 (3):142-150,159.

<<< 第三章 "生机"——"非人"行动者行动能力的来源

能力的所有的人和"非人"行动者。作为行动者,人本身就有行动能力,这一点毋庸置疑;但是说"非人"行动者具有和人一样的某种行动能力,这是不寻常的。拉图尔对"非人"行动者的行动能力来源问题的阐释,经历了一个从"代言"(delegation)到"铭写"(description)的演变过程。

在拉图尔的早期著作《实验室生活》和《科学在行动》中,他认为"非人"行动者的行动能力的实现主要借助了人类行动者特别是科学家的代言。"代言人"是政治学的一个术语,指的是代替别人发言的人。拉图尔借用政治学的"代言"一词,认为在实践中人代表"人"发言和人代表"物"发言,其实质是一样的。例如,一些出现脑功能障碍的人不会说话,但他们的权益被侵害的时候,同样也要有人出来为他们"发声",代言他们的利益。但这种"代言"的正确性并非一蹴而就,必须通过"力量的考验"(trial of strength)。[1] 所谓力量的考验,是指万物在与他物的相互作用中获得关系性界定。[2] 在拉图尔看来,力量的考验一方面来自外部,即一些外行人的质疑。为了对付外行人的质疑,科学家必须与"非人"行动者结成紧密联盟,同时还要运用一系列防御手段,包括图表、文本、仪器等,让外行人的质疑失败。另一方面这种考验也来自内部同行的检验。拉图尔甚至认为每个实验室实际上都是"反实验室",要对付如此多的同行,科学家也可能采取其他策略,如借助更多的"黑箱"、使参与者背离其代表、塑造新盟友等。[3] 按照这种理解,在科学研究中,科学家对"非人"行动者的各种性质进行阐释也是一种代言。但对这种"代言"机制的解释并非被学术界所有人所接受,一些学者也提出了疑问:第一,来自SSK学派中的学者柯林斯和耶尔莱指出"非人"行动者的"利益"是什么需要得到解释;第二,这种机制很难解释另外一种现象——为什么一些"非人"行动者会拥有强大的影响人的行动力。这些问题引导拉图尔继续探讨"非人"行动者行动能力的来源问题,他将早期实验室研究的代言

---

[1] 拉图尔. 科学在行动:怎样在社会中跟随科学家和工程师 [M]. 刘文旋,郑开,译. 北京:东方出版社,2005:130.
[2] LATOUR B. Les Microbes: Guerre et Paix, Suivi de Irréductions [EB/OL]. Bruno-Latour, 2001-01-01.
[3] 拉图尔. 科学在行动:怎样在社会中跟随科学家和工程师 [M]. 刘文旋,郑开,译. 北京:东方出版社,2005:132-157.

机制进一步阐发为"铭写"(inscribe)。

所谓"铭写",是指人能将"脚本"(prescription)"铭刻"到"非人"行动者之中,这样就使得"非人"行动者具有了行动能力,对人的行为产生了调节(mediate)的作用。"脚本"这个术语可以从电影和舞台剧角度来理解。无论是在电影中还是在舞台上,演员们的具体行为都取决于电影或戏剧的脚本,而这种脚本则来自编剧。人类使用"非人"行动者时,"非人"行动者同样具有一种类似于电影或戏剧脚本的作用,对使用它的人类要如何行动作出某种规定。比如,当通过有弹簧的门时,人们必须保持适当的力度,否则要么因为力度太大而迎面撞到鼻子,要么因为力度太小而打不开门。通过旋转门时更是如此,只能保持适当的速度,否则无法完成任务。弹簧门和旋转门对使用者之所以有这种不同的"要求",是因为设计它们的工程师早就已经将"脚本"写入其中,比如,弹簧门的脚本是"如果门开了,就把门关上",而旋转门的脚本则是"请按顺序通过门,不要跟在别人的后面穿过门"。因此,脚本是人工物激励使用者的动作或行为的程序,用类似于程序语言的一系列指令来表达。人工物的设计者在头脑中常常设想他的产品将怎样和用户打交道,设计者为用户规定属性和行为。

人们之所以会将脚本"铭写"入"非人"行动者,是因为现实的需要。(见图3-1)

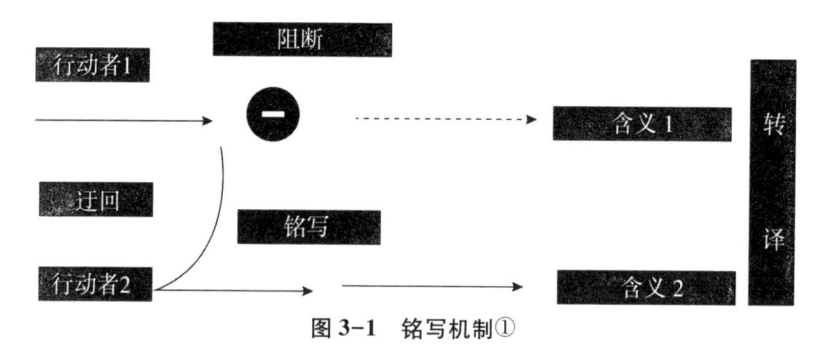

图3-1 铭写机制[1]

---

[1] LATOUR B. On Technical Mediation: Philosophy, Sociology, Genealogy [J]. Common Knowledge, 1994, 3 (2): 29-64.

<<< 第三章 "生机"——"非人"行动者行动能力的来源

在人类社会中，一些人类行动者往往期望其他行动者做出他们所期望的事情。例如，一个大厦的管理人员（行动者1）希望进入大厦的人能够"有序地通过门"（含义1）。但这种意图往往是直接不能够达到的——人们不可能自发自愿地去执行管理者的命令，因此该意图被"阻断"（interuption）。此时，大厦的管理者只能采取一种"迂回"（detour）的策略，通过其他人工物（行动者2）达到他希望的"有序地通过门"。如何达到呢？大厦的管理者引入了旋转门，该旋转门被设计师通过"铭写"机制写入了"脚本"——"请按顺序通过门，不要跟在别人的后面穿过门"（含义2）。此时，大厦管理者的意图由最初的"有序地通过门"（含义1）转变为"请按顺序通过门，不要跟在别人的后面穿过门"（含义2），"非人"行动者通过对人行动上的调节作用，以达到设计者最终目的的作用，这就是拉图尔所说的"转译"。

拉图尔认为，这并不意味着用户会完全按照设计者的意图行事，常常会出现不一样的情况，使用者可以简单地拒绝使用人工制品，或者有选择地使用它，有时候人工物甚至还会给使用者带来麻烦。例如，前述所提到的旋转门，当遇到有的人携带大宗物品要进入时，就会带来很大的麻烦。之所以会遇到这样的问题，拉图尔指出是因为人和"非人"行动者进行互动的时候，并非谁决定谁的关系，而是"合成"（composition）的关系。例如，通过旋转门的时候，人的想法是"我要通过门"，而门则要求"必须按顺序进入"，这种要求的目的是"人们必须按顺序通过大门，并且不让大厦外的气流进入大厦内部"。而当旋转门遇到携带大宗货物的人时，就会出现"我要携带大宗货物通过门+必须按顺序进入=无法通过门"。从这一点上看，所有的设计师都希望能够通过人工物达到它们最终的目的，但这种目的绝不是通过设计师传导某种指令给用户而直接达到的，而是通过人与"非人"行动者之间的互动达到的。设计师的这种策略是一种"迂回"（detour）策略而并非直截了当的策略，使用者也要加入他们的行动纲领，所以不可能达到百分之百的准确率。

二、对"铭写"机制的评价

拉图尔对"非人"行动者行动能力的强调，超越了以往一些哲学家仅仅将行动能力局限于人类的传统，导致了后人类主义哲学中的"物"的转向。

国内外学者长期将注意力集中在人与"非人"行动者行动能力的差异上，例如，皮克林承认行动者网络理论采取的立场——人类和"非人"行动者的代理可以不断地相互转化。在他看来，问题在于意向性："我们人类与'非人'行动者恰恰不同，我们的行为背后有意图，而夸克、微生物和机床的表现及其行为却没有。"[1] 但是，对"非人"行动者行动能力来源的解释，却长期被忽略。国内学者贺建芹在她的博士论文《行动者的行动能力观念及其适当性反思》中探讨过"非人"行动者行动能力来源问题。她认为，拉图尔并没有描述过"非人"行动者行动能力来源问题。根据对拉图尔著作的分析，她认为，"人类和'非人'行动者的行动能力是互生共现的"[2]，但对"如何互生互现"，贺建芹却没有进行解答，更没有对行动能力的来源机制进行阐述。而以"生机"为逻辑起点的机体哲学，为解读这方面问题提供了富有启发性的新思路，这一点将在下一节进行探讨。

第二节 机体哲学视角的"非人"行动者行动能力

一、作为"前结构"和"前功能"的"生机"

从机体哲学角度看，拉图尔对"非人"行动者的行动能力的探讨是深刻的，但是在揭示这种行动能力的来源方面存在不足之处。人类将目的"铭刻"或将"脚本"写入"非人"行动者之中，这种做法可能只是改变了"非人"行动者的内部结构和外部功能，但是从逻辑上推导不出这样做一定会使"非人"行动者具备行动能力。而且"非人"行动者必须首先具备行动能力，这样将目的"铭刻"或将"脚本"写入才会有意义、有效果。"非人"行动者应该和行动的人一样具有某种潜在的"活性"，被激发后才能够实施行动，体

---

[1] PICKERING A. The Mangle of Practice: Time, Agency and Science [M]. Chicago: University of Chicago Press, 2010: 11.
[2] 贺建芹. 行动者的行动能力观念及其适当性反思 [D]. 济南：山东大学，2011：95.

现人的目的和意向。换言之,"非人"行动者应该具有某种"前结构"或者"前功能",一旦人们将目的"铭刻"或将"脚本"写入"非人"行动者,它们就会行动起来。行动者网络理论并没有明确揭示"非人"行动者这种本身的内在机制,没有指明行动者为什么会有"行动能力"。

前面提到,在中国传统文化中有着对"生机"的深刻理解。按照这种理解,只要在事物的相互作用中体现了"生机"的这种机制,无论这些事物是生命体还是非生命体,都可以认为这些事物是"机体",它们之间的联系即人们通常所说的"有机联系"。如果某种机体逐渐失去"生机",入不敷出,每况愈下,就会向"非机体"转化,走向消亡。死去的动植物、报废的机器、已经解体的社会组织和完全失去存在价值的精神成果就不再是"机体"了。这样来理解机体的本质特征,有助于避免陷入将一切事物都看作机体的"泛机体"倾向,也有助于发现技术人工物、社会组织、观念体系等非生命体所具有的与生命体共同的机体特征。技术人工物、社会组织、观念体系等非生命体作为"人工机体""社会机体""精神机体",有不同形态的"生机",而它们的"生机"其实就是拉图尔所说的"非人"行动者的行动能力。

具体说来,当人们建构各种"人工机体""社会机体""精神机体"这些非生命体的机体时,已经将"生机"赋予这些机体,使之在各类机体相互作用时能够呈现行动能力。这种能力不同于一般的功能,因为它们具有"能够通过很小的投入获得显著的收益"的机制。具备这种能力的"非人"的事物才可以称之为行动者,它们才会体现"转译"的功能。换言之,具备"生机"就是行动者能够具有行动能力的"前结构"和"前功能",在行动者没有采取行动之前已经存在于行动者网络之中,一旦行动开始就会显露出来,体现为特定的结构和功能。以拉图尔经常举的司机减速的案例来进行说明,有两个司机都减速,但是他们减速的原因是不同的。第一个司机是因为看到了限速的黄色标识而减速;第二个司机是为了保护他的汽车悬架不被限速带破坏而减速。第一个司机减速基于道德、信号、黄色标识的原因,而第二个司机所产生的服从来自被精心设计好的混凝土带。他们都服从了某种需要:第一个驾驶员服从于利他主义——保护他人的安全,而第二个驾驶员则服从于自私的心理——为了保护车的悬架。在这里,不能说第一种方式是社会的、道德的，而第二种方式就是物质的、客观的。"道德和悬架这两者并不都是社会的，但是一定都是通过道路设计师的特定工作使它们联合在了一起。"① 也就是说人通过实践活动，将"脚本"写入了黄色的减速标识和限速带之中，它们"转译"了司机的行为。在拉图尔提出的"限速"案例中，黄色标识和限速带能够迫使司机减速，这只是它的功能，而通过限速来保障行人的安全，具有"道德物化"的特点，则体现了黄色标识和限速带的行动能力。然而这种行动能力正是其具有"生机"的体现，因为其具有"能够通过很小的投入获得显著的收益"的机制。人们感到黄色标识和"限速带"似乎具有某种"活性"，这显然是人类专门赋予的。将目的"铭刻"或将"脚本"写入的过程，必须考虑到这种"生机"如何发挥作用，才能够将人的目的、功能和意向转移到"非人"的行动者之中。后现象学技术哲学的代表人物唐·伊德提出人与技术人工物之间意向关系的四种形式，分别是"具身关系""诠释关系""他异关系""背景关系"②。荷兰哲学家维贝克进一步总结和发展了拉图尔和伊德的思想，提出了"技术中介论"，认为技术在人与世界的关系中起着"中介调节"的作用。他们提到的技术人工物的"意向关系"和"中介调节"作用，实际上都要以技术人工物具有"生机"为前提。比如，透镜可以放大物象，这是它的功能。通过放大物象可以提高人类的视觉能力和认知功能，这是它的"行动能力"，即它作为技术中介物介入了人类的感知活动。而这种"行动能力"在设计、制作和使用透镜的时候就已经"嵌入"其中了，这就是透镜具有"生机"的体现，即透镜的设计、制作和使用产生了越来越显著的收益。这种理解也可以阐释透镜演化的动力。从最初的眼镜、放大镜、显微镜到后来的电子显微镜、遥感装置等，都体现了不断追求通过很小的投入获得显著的收益的努力，因而结构越来越复杂，功能越来越强，"生机"也越来越旺盛，这是行动者网络理论未能充分予以考虑的。

总之，行动者（特别是"非人"行动者）之所以会有行动能力，是因为

---

① LATOUR B. Reassembling the Social: An Introduction to Actor-Network-Theory [M]. London: Oxford University Press, 2005: 77.
② 伊德. 技术与生活世界：从伊甸园到尘世 [M]. 韩连庆, 译. 北京：北京大学出版社, 2012: 72-117.

行动者都有各自的"生机",而"非人"行动者的"生机"是人类赋予的,它驱动着"非人"行动者的"行动"。人类究竟是如何将"生机"赋予"非人"行动者的呢?"生机"又是如何在"非人"行动者行动过程中发挥作用的?下面本书将集中探讨这两个问题。

二、"生机"在"非人"行动者行动过程中的作用机制

"生机"从形态上看,它的特点是事物的变化由很小的投入作为诱因,经历一个自然过程,最终取得显著的收益。在这一过程中,事物内部和外部的各种因素不断参与进来,使得事物的质和量都不断变化,其复杂性不断提升,其影响不断扩大。从数学角度看这是一种非线性过程,即自变量和因变量之间呈现非线性的函数关系。从现代系统科学角度看,这是一类复杂适应系统,通过系统内部和外部各种因素耦合作用,使得一个很小的输入会产生巨大的、可预期的直接变化。[①] 具体来讲,机体生长和发挥影响的时候都有一个特殊的"生机"效应,即产出要远大于投入,这是一种特殊的价值增长机制,整个过程包括输入、输出以及反馈三个环节。(见图3-2)

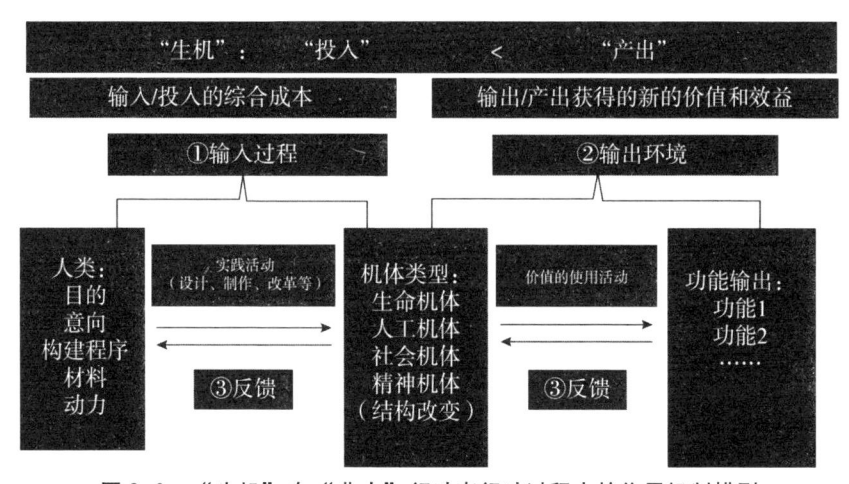

图3-2 "生机"在"非人"行动者行动过程中的作用机制模型

---

① 霍兰. 隐秩序:适应性造就复杂性[M]. 周晓牧,韩晖,译. 上海:上海科技教育出版社,2000:5.

①输入过程：人类将自己的目的、意向、构建程序、材料、动力等要素通过实践活动作用于各种"非人"行动者，这些实践活动由于"非人"行动者的不同而不同，它可以是针对"人工机体"的技术上的设计和制作，也可以是针对"社会机体"的改良、改革等。通过人的这种实践活动，"非人"行动者改变其内部结构，使之具有新的属性。这里机体的结构指的是机体内部各部分、要素之间的相互关系，而属性则是这种相互关系在整个机体网络中呈现出来的特征。这种投入/输入的发生需要很多条件，除了技术上的限制外，在机体哲学看来最重要的一条就是这种投入/输入很小，即投入/输入的综合成本相对于它周围所在的环境中其他类似要素而言不高，当然成本的衡量不能简单理解为单一经济上的成本，还要考虑社会成本、法律成本、环境成本、时间成本等因素。例如，在"人工机体"中，我们要想将石斧变得更加锋利更加耐用，最好的选择是替换其材质，一般人会选择铜、铁等金属，很少使用金、银等贵重金属。这是因为后者投入/输入的经济成本过大；又如，在"社会机体"中，对某个企业进行人事制度变革，往往需要衡量这种制度变革的人力、物力、时间等成本投入是否合适，否则很难发生变革。在"生命机体"的人体基因改造实验方面，即便技术方面的投入很小，但相关社会伦理、法律法规方面的成本却很高，就会导致这种技术受到各方面的限制。还需要说明一点，"生命机体"由于受到遗传机制的限制，其内部结构改变的余地较小，而后面三种机体（"人工机体""社会机体""精神机体"）则是人为建构的，其内部结构可塑性较大。所以在人类社会发展过程中，人类的"生命机体"特征变化不明显，而"人工机体""社会机体""精神机体"的变化越来越大。

②输出过程：具有新的属性的各种"非人"行动者面对新的环境和作用对象，通过输出体现为新的功能，从而创造出远远超出输入阶段的新的价值和效益。机体的功能指的是机体作为一个整体对外部世界的影响力。"非人"行动者结构的改变带来的新的属性，作用于各种不同场合的新的对象，通过能动的、创造性的使用过程，"非人"行动者更广泛、更有效地满足人类的需要，这本身就带来了价值和效益的增长，体现了"生机"作为"非人"行动者行动能力来源的作用。例如，手机设计者通过改变手机的内部结构（"投

入/输入"),使其通话和通信功能不断得到改善,从而在广泛使用中产生更大的经济效益和社会效益("输出/产出")。这里需要指出的是,行动者网络理论主要侧重于描述"人工机体"的输入和输出过程,在这一过程中"非人"行动者的能动性得到突出展现。但这种机制对各类机体也都适用。比如,作为"生命机体"的人,吃了食物是输入,身体内新陈代谢,由此发生相应的结构变化,在生长中进一步增强组织复杂性,即增加负熵,使其能以新的状态和能力面对新的生活,这就是输出。这里的"新"是生命意义上的"新",同一个人在生活世界中不断呈现新的面貌,即《礼记·大学》所说的"苟日新,日日新,又日新"①,"社会机体""精神机体"的情况也类似。

③反馈过程:新的属性通过功能为下一步输入创造了更好的条件,形成生长的循环往复。在刚建立输入—输出机制的初期还面临着很多困难,比如,作为"人工机体"的"非人"行动者的技术环节,在设计和制作阶段还有待改善;作为"社会机体"的"非人"行动者在刚创立的时候,可能还缺乏一些配套措施。机体在不同的环境中体现着不同功能,其中一些功能可能会导致新问题的出现,需要重新加入其他方面的投入来解决这些问题。美国技术哲学家唐·伊德认为,在不同的关系下,结构相对稳定的人工物会展现不同的特性,他将这种现象称为"多元稳定性"(multistability)。一种技术可以具有多种稳定性,它取决于使用环境。如果用机体哲学来解释这种多元稳定性,就是"一种机体结构在不同的环境中体现着不同的功能",即一种结构对应于多种功能,任何一种机体在功能输出上实际是功能群的输出,而非某种单一的功能输出。但是,设计者在设计的时候往往是有意识地设计某一种或几种功能,容易忽略机体在不同的环境下产生的不同功能,这就会产生新的问题。从这个角度来讲,处于"上游"的设计师的智慧往往是有限的、局部的,而处于"下游"的终端使用者的智慧却是无限的、全方位的。例如,手机支付安全密码保护功能,可能会违背它的保护初衷,给使用者带来使用上的麻烦——使用者忘记密码,使用者年龄较大难以驾驭,或者一些使用者在公共场所使用 Wi-Fi 被盗取密码,等等。这些功能上的问题会通过各种途径反馈

---

① 金宏伟. 国学经典藏书:儒家经典篇 [M]. 郑州:郑州大学出版社,2017:10.

给原先的设计者,他们将重新进行投入/输入改变机体内部结构,从而让机体拥有新的功能来解决这些问题。

以上是"生机"机制运行的阶段性的分析,如果从整体上看,机体拥有的"生机"机制还有以下两方面的特点。

一是"生机"使得机体能够不断地更新换代。通过"输入—输出—反馈—新输入—新输出—新反馈"这样一个不断循环的过程,机体不断更新换代形成了一个传递"生机"并不断"升级"的链条。

二是在整个链条中,人与其他各类机体之间的属性相互渗透。人的"生命机体"与"人工机体"、"社会机体"与"精神机体"(拉图尔所谓的"非人"行动者)之间由于有这样一种传递"生机"的机制,人的属性会传递、渗透到这些机体之中,反过来这些机体的属性也会影响到人。这种人与机体相互作用的关系尤其是在人机关系的互动中特别明显。于雪曾根据机体哲学的理解,将人机关系分为三个不同的阶段,它们分别是"相互依赖、相互渗透、相互嵌入"阶段。① 在她看来,第一个阶段是"相互依赖",指的是人和人工物作为相对独立的领域彼此发生了精神层面和物质层面的依赖;第二个阶段是"相互渗透",指的是人和人工物在某些方面产生了交融或者渗透,这样就模糊了人和人工物的传统界限,但它们两者还是两个相互独立的个体;第三个阶段是"相互嵌入",在这一阶段,人和人工物由于彼此嵌入而不再是完全独立的个体,成了哈拉维所描述的人与人工物有机混合的新存在物——"赛博格"。

以上是"生机"与"非人"行动者的行动能力关系的模型解析,下面本书将通过分析拉图尔对"非人"行动者行动能力的阐述,进一步展现"生机"对"非人"行动者行动能力的影响。

三、"生机"在"非人"行动者行动能力影响中的体现

前文在"行动者"的概念界定中提到,"非人"行动者在行动者网络理

---

① 于雪,王前. 人机关系:基于中国文化的机体哲学分析 [J]. 科学技术哲学研究, 2017, 34 (1): 97-102.

论中含义和种类十分广泛,但是在实际论述中,拉图尔关注的重点却是人工物:它们可以是萨尔科实验室里的促甲状腺因子,可以是巴斯德实验里的病毒,也可以是承载"道德责任"的减速带。如果我们将其与机体哲学划分的四类机体进行对应,可以说拉图尔在他的一系列著作中讨论的"非人"行动者大多时候是指"人工机体",涉及比较少的是"社会机体"和"精神机体",因此,本书将集中讨论"生机"在"人工机体"的行动能力影响中的体现。

在第三章第一节提到"非人"行动者的行动能力是人类给予的,必须和人相伴而生,离开了人类的"非人"行动者最终会"生机"枯竭。同时,"非人"行动者因为具有行动能力同样也能影响人的行为,"非人"行动者行动能力影响的关键也在于"生机"。拉图尔在很多文章中都探讨过"非人"行动者的行动能力对人和人类社会的影响,但没有在单独的一篇文献里集中系统阐述。本书按照"非人"行动者的影响能力大小,将其划分为宏观和微观两个层面进行探讨:宏观层面主要涉及"非人"行动者,或者说"人工机体"的行动能力对人类社会的影响;微观层面主要涉及对人的个体行为的影响。

(一) 宏观层面

从宏观层面上来说,"非人"行动者是构成人类社会的必要条件。卡龙和拉图尔曾撰文探讨过狒狒是否可能创造一个类似于人类的社会,最后他们认为狒狒不可能创造和维持一个拥有稳定宏观结构的社会,因此不可能创造出一个"狒狒—利维坦"。卡龙和拉图尔认为狒狒群体代表了人种行为学研究设想的社会,以及传统社会学的意义上的社会,因为狒狒群体之间的交往适合用符号互动主义来解释。狒狒群体和人类一样,也有群体成员之间的互动,甚至形成了严密的群体制度。比如,狒狒群体在赶路,一只狒狒即使发现了丰富的食物,它也不能独自留下吃东西。又如,雄性狒狒在发情期也无法与雌性狒狒随意交配,除非它们事先确认会和自己建立某种合作关系,具体来说,这种合作必须是在一段友谊的过程中取得的,并且这段友谊是在雌性狒狒没有发情期的时候建立的。即便人类社会和狒狒群体有这些社会交往之间的共同点,但是它们两者之间仍存在巨大差异,那么,肯定存在某种差别是没有被符号互动主义者所注意到的。① 与大多数关于符号互动解释不同的是，卡龙和拉图尔认为，在人类社会中，人类不仅能够识别符号及其意义，而且能够发挥"非人"行动者的作用。这些"非人"行动者的特点是能够发挥比面对面的社会互动更持久的能动作用，所以"非人"行动者是人类社会必要的稳定剂。

更具体地说，只有当人类社会中的联系不仅仅是纯粹的社会联系，只有当某些联系能够充分稳定，或被置于一个黑箱中时，人类社会的利维坦才有可能成为现实。因而，把人类社会中的联系理解为严格定义的"主体间性"（intersubjectivity）是不正确的，拉图尔主张我们必须开始谈论"客体间性"（interobjectivity）：人并不是"通过"物进行互动，人本身就在"与"物互动，这种互动的结果就是人不再是纯粹的人，物不再是纯粹的物，两者彼此交织。总的来说，拉图尔认为"非人"行动者如"气泵、剑刃、发票、计算机、文件和宫殿"等，在维护人类社会的稳固方面是重要的。②

从机体哲学角度来看，"人工机体"在宏观层面上能够帮助构建人类社会，而狒狒则不会借助"人工机体"来达到这个目的，其原因是只有人才能将"生机"注入"人工机体"之中，这是狒狒所做不到的。试想动物园中的狒狒即使实现了完全开放式的管理，但仅仅凭借狒狒自身，也无法完成对动物园设备的使用和维护，更谈不上对这些人工物进行改良以实现"升级换代"。此外，从宏观层面来说，人类社会构成不仅涉及了"人工机体"，还涉及"社会机体"和"精神机体"等方面的"非人"行动者，后两者是拉图尔较少涉及的。前面曾提到，石器时代的人类社会和现代人类社会相比，"生命机体"如人的体能、身高等方面几乎没有较大的改变，但是其他类型的机体则变化很大：从"人工机体"上来说，现代智能设备早已摆脱了刀耕火种的局限，不仅做到了"上天入地"，甚至跳出地球遨游太空；从"社会机体"

---

① CALLON M, LATOUR B. Unscrewing the Big Leviathan: How Actors Macro-Structure Reality and How Sociologists Help Them to Do So [M] //KNORR-CETINA K, CICOUREL A V. Advances in Social Theory and Methodology: Toward an Integration of Micro-and Macro-Sociologies. London: Routledge and Kegan Paul, 1981: 277-303.
② 拉图尔. 我们从未现代过：对称性人类学论集 [M]. 刘鹏，安涅思，译. 苏州：苏州大学出版社，2010: 111.

上来说，民族国家的动员力量远非原始部落能够相比，甚至出现了如北美自由贸易区、欧盟、东盟、联合国等区域性和全球性的机构；从"精神机体"上来说，当今全球多元文化的碰撞，不同国家的不同意识形态共存与共生，这说明，人类社会的维持和发展是"非人"行动者，或者更全面、准确地说是"人工机体""社会机体""精神机体"共同发挥作用的结果。人类不仅能够将"生机"注入"人工机体"，也能够注入"社会机体"和"精神机体"中，这样，四种不同类型的机体都具有"生机"的"同构性"，它们相互之间就能够传递"生机"，通过输入、输出和反馈三个环节不断进化。

（二）微观层面

荷兰学者维贝克曾系统研究过拉图尔对"非人"行动者行动能力在微观层面上影响的阐述，他将这种能力称为"调节"（mediation）。更具体地说，人工物能够"调节"人的行为，从而达到设计者的意图。① 其表现形式有四种，分别是"转译"（translation）、"合成"（composition）、"可逆转的黑箱"（reversible black-boxing）和"委托"（delegation）。

对拉图尔来说，技术调节的第一个形式是"转译"。当一项技术介入时，它涉及"行动计划"的"转译"。例如，如果一个人（行动者1）想吃摆在他面前没有做好的牛排，但是他不可能通过魔法实现这个目的，他的"目标1"（"吃牛排"）被"阻断"了。然而，这个人可以与微波炉（行动者2）产生某种关系。微波炉在它自己的功能程序（"加热物体"）的基础上，转译行动者1的行动目标，此时，一个新的行动者出现了（行动者1+行动者2），它带有一个新的目标：将牛排加热（目标2），然后再实现目标1（"吃牛排"）。（见图3-3）有时候为达到最终的目标（目标1），还需要实现比之前目标2更多的目标（目标3），比如，这个人想要八成熟口味的牛排（目标1），就需要将牛排加热（目标2），还需要将热力调控到合适的时间（目标3）。

---

① VERBEEK P P. What Things Do: Philosophical Reflections on Technology, Agency, and Design [M]. University Park: The Pennsylvania State University Press, 2005: 154-155.

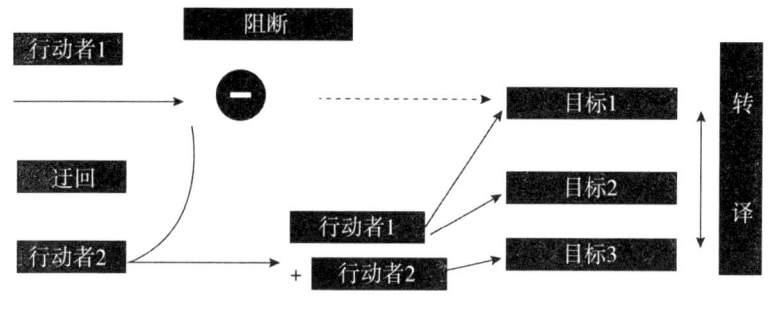

图 3-3 转译机制①

在这里,"行动纲领"的概念应该被对称地解读,它既涉及人工制品的功能,又涉及人类的意图,而没有在术语的层面上区分人类和"非人"行动者。因此,在技术调节中,原来的行动纲领被"转译"为新的行动纲领。在调节情境中,人与微波炉都发生了变化,有微波炉的人和没有微波炉的人是不同的,两者都没有所谓先天的固定"本质",但是它们之间的关系发生了变化。

技术调节作用的第二种形式是"合成"。调节使一种新的行动纲领成为可能,而这种行动纲领产生于行动体之间的关系,这意味着调节总是涉及几个联合执行某个操作的行动者。因此,这一行动的责任分散在各个行动者之中(见图3-4)。拉图尔将这种复杂的行为或"代理"定义为技术调节的第二种含义,他称之为"合成"。

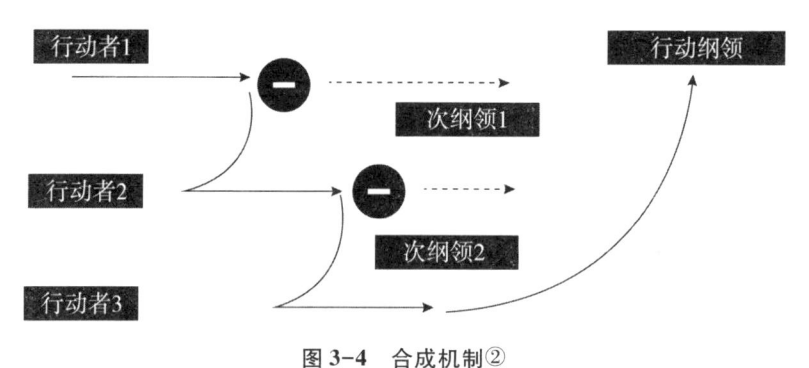

图 3-4 合成机制②

---

① LATOUR B. On Technical Mediation:Philosophy, Sociology, Genealogy [J]. Common Knowledge, 1994, 3 (2): 29-64.
② LATOUR B. On Technical Mediation:Philosophy, Sociology, Genealogy [J]. Common Knowledge, 1994, 3 (2): 29-64.

<<< 第三章 "生机"——"非人"行动者行动能力的来源

"合成"是指行为"不是人类的一种属性,而是一种行动者之间的联系"①。例如,发生了枪击事件,在拉图尔看来,开枪的不是人,而是人与"非人"行动者"合成"——"人+枪"。因此,技术调节不仅包括行为程序的转换,同时也包括行为体之间的联系。为了进一步说明这些因素在行动中的作用,拉图尔引用了酒店经理对客房管理的案例(见图3-5)。

```
                                              意群(聚合)轴:和(联结)
    ┌─────────────────────────────────────────────────────────┐
问  │ (1) 管理人员将钥匙交给顾客。                              │
例  │ (2) 管理人员将钥匙交给顾客,然后说,"请将钥匙交回前台"。   │
(   │ (3) 管理人员将钥匙交给顾客,然后说,"请将钥匙交回前台",   │
选  │     并且写了一张纸条贴到了钥匙之上。                      │
择  │ (4) 管理人员将钥匙交给顾客,然后说,"请将钥匙交回前台",   │
)   │     并且写了一张纸条贴到了钥匙之上;同时,又在钥匙上加了   │
轴  │     一个金属重物以提醒顾客。                              │
:   │                                                          │
或  │                                                          │
(   │                                                          │
替  │                                                          │
代  │                                                          │
)   │                                                          │
    └─────────────────────────────────────────────────────────┘
```

图 3-5 酒店经理对客房钥匙的管理

在日常的酒店管理中,酒店经理经常为客人归还钥匙而苦恼。刚开始,酒店经理只是简单地将钥匙交到客人手上,提醒酒店客人在离开酒店时记得归还钥匙,但是收效甚微。于是,经理开始礼貌地挂一个牌子,再次提醒客人在离开时归还钥匙,但客人可能看不到牌子,也不知道上面写的是什么话,效果还是不明显。最后,经理想了一个办法,在钥匙上加了一个非常厚重的钥匙圈,客人们归还钥匙的概率大幅度增加。钥匙圈的厚重为经理省去了无穷无尽的麻烦,也免去了客人为此事操心的责任,因为这种重量对客人来说实在太不方便。这种情况不能简单地用人类和"非人"行动者之间的二分法来理解——钥匙圈在这里并不是作为一种拥有某种本质的东西而存在的,使用它的人也不是。这枚钥匙环被故意做得很大,目的是方便酒店的客人将来使用。反过来,他们也受到钥匙环的限制——钥匙环改变了他们的欲望,使他们在出发时想把钥匙环还回去。从这里可以看出,正如拉图尔所说:"'社会完全是由社会因素组成的'与'技术不是由社会因素组成的'这两种奇怪

---

① LATOUR B. On Technical Mediation: Philosophy, Sociology, Genealogy [J]. Common Knowledge, 1994, 3 (2): 29-64.

的想法都是错误的。"①

调节作用的第三种形式是"可逆转的黑箱"。根据拉图尔的说法，黑箱是"一个使参与者和人工物的联合生产完全不透明的过程，一个使对实体有贡献的关系网络变得不可见的过程"。② 调节包括人类和"非人"行动者的混合，然而这种混合通常是隐藏的，因为它受制于"可逆转的黑箱"。为了说明这一点，拉图尔以投影仪为例。这个装置作为一种媒介，完全由它的功能决定，它本身并不引人注意。但是，拉图尔说，一旦它黑箱破裂（投影仪出故障），我们就会强烈地意识到它的存在。它所参与的关系网络立即变得可见；突然之间，各种各样的人和物品出现了：修理工、灯泡、镜头、螺丝等。在那之前，这些实体都是投影仪"黑箱"中不可见的部分。在"黑箱"破裂之前——在玻璃、金属和其他原材料以这种特殊的透明性组合在一起之前，这些实体是分别存在的。这些实体中的大多数在"黑箱"破裂前都是"隐身"的，仿佛它们不存在似的，把它们的力量和它们的行动带到了现在的场景可能经历了几百万年的时间。它们具有特殊的本体论地位——它们不仅具有行动能力也调节其他行动者的行动。拉图尔使用了"可逆转的黑箱"的概念来阐明人类和"非人"行动者的混合，通常是人类看不见的——就像"黑箱"一样，但有时还是会暴露出来——因此是可逆的。

技术调节的第四种形式是"委托"。仍以减速带为例，减速带的调节作用会使得司机们调整自己的行为。但这里所涉及的不仅是行动纲领的转变，而且是调节媒介的转变——现在的司机开得很慢，不只是因为他们看到了交通标志，也不只是因为他们害怕警察，还因为由工程师写入脚本的减速带。工程师在一块混凝土上写下一个行动计划，这样就把交通标志或警察的任务（让人们减速）委托给了减速带。因此，应将授权理解为"转移"或"位移"。这种"移动"有三个维度：行为的（减速带不是警察）、空间的（它位于道路中间）和时间的（它日夜都在那里）。既没有值班的警察，也没有指示

---

① VERBEEK P P. What Things Do: Philosophical Reflections on Technology, Agency, and Design [M]. University Park: The Pennsylvania State University Press, 2005: 239.
② VERBEEK P P. What Things Do: Philosophical Reflections on Technology, Agency, and Design [M]. University Park: The Pennsylvania State University Press, 2005: 183.

司机不要开快车的交通指示牌,更没有设计减速带的工程师在现场。委托使"在场"和"不在场"的奇妙组合成为可能:一个"不在场"的代理可以把技术看作稳定的劳动力,对此时此地的人类行为产生影响。"考虑一下投资的概念:一种正常的行为被中止,一种迂回的途径是通过几种类型的行动者开始的,而回报是一种新的混合体,它把过去的行为带入现在,允许它的许多投资者消失,同时又保留现在。"①

这四种调节是密切相关的。例如,在减速带的例子中,这种相互关系可以表述为:安装减速带的大学校园的管理者将自己与一块混凝土联系起来(合成),分配给它实现他的目标所必需的东西(委托)。由此产生的减速带不需要管理者来完成它的任务(可逆转的黑箱),因为它的物理特性允许它将驾驶员的动作程序从"必须负责任地缓慢驾驶"更改为"缓慢驾驶以保护我的减震器"(转译)。转译、合成、可逆转的黑箱和委托都阐明了技术调节的不同方面。

在机体哲学看来,"非人"行动者对人微观层面的调节也体现了"生机"发挥作用的机制。拉图尔考察的重点在于"非人"行动者通过何种形式对人的行为产生了影响,但这种影响恰恰体现了"生机"的作用。仍以减速带为例,它虽然同时体现了合成、委托、可逆转的黑箱以及转译这四种调节作用,但是这里有一个不容忽视的因素,即制作减速带这种成本很低的水泥制品,只需要较小的"投入",它在地面上占用的面积也很小,但它的"产出"则是替代了24小时执勤的警察,这就是"生机"机制在"人工机体"微观方面发挥的作用。再举一例,如果没有弹簧门,就会出现这种场景:需要一个门童,并且需要监督他的工作,还必须保证每个月按时发薪水,但是一个弹簧门就轻松替代了这些需求。在机体哲学看来,这实际上也就是"生机"所发挥的作用:它的"投入"非常小(一个弹簧门),但是"产出"(替代了门童、监督人以及应该给予门童的薪水)相当大。弹簧门并不仅仅是一个简单的人工物,更是一个"机体"。此外,人对人工物除了进行功能、意向的转

---

① VERBEEK P P. What Things Do: Philosophical Reflections on Technology, Agency, and Design [M]. University Park: The Pennsylvania State University Press, 2005: 189.

译，还进行责任的转移，从而加强人工物的行动能力。拉图尔在《何处去寻找暗物质?》中还阐述了人工物能够承担道德责任，这是一种我们熟识但又被忽略的"暗物质"（missing masses）。[1] 人们之所以希望人工物能够负载"道德"，其直接目的还在于以很小的投入获取显著产出的愿望，这正是机体哲学所说的"生机"特性的体现。弹簧门可以被改造成液压门，配上物联网后能成为智能开关门，如果配备更先进的识别软件甚至能成为防止幼童意外走失的"道德"卫士，这体现了"人工机体"微观层面的"进化"过程。但必须看到的是，无论是功能、意向和责任的转移都并非一蹴而就，依然需要人工物的设计者和使用者之间不断协商，仍然还要经历一个输入、输出和反馈的过程。例如，智能门能够防止幼童单独意外走失，但是有可能会使得在紧急情况（例如，火灾）时幼童无法逃离危险环境，这种情况有时候设计者就不会考虑到。此时，用户的反馈可以倒逼设计者进一步完善智能门。

本章小结

在早期的研究中，拉图尔认为"非人"行动者的行动能力的实现主要借助了人或科学家的"代言"机制，随着研究的深入，拉图尔进一步提出这种能力的实现，是人通过"铭写"（describe）机制将脚本"铭刻"入了"非人"行动者之中。在机体哲学看来，以上解释并没有说明"非人"行动者必须拥有"前结构""前功能"，即具备"生机"的特性，才能够使"铭刻"起作用。换言之，"非人"行动者之所以具有行动能力，是因为当人们建构各种"人工机体""社会机体""精神机体"这些非生命体的机体时，已经将"生机"赋予这些机体，使之在各类机体相互作用时能够呈现行动能力。"生机"机制在机体运行中可分为输入、输出和反馈三个阶段，这使得人们能够通过很少的"输入"改变机体结构，从而让机体具有在输出环境中价值更高的新

---

[1] LATOUR B. Where Are the Missing Masses? The Sociology of a Few Mundane Artifacts [A]. In: Bijker, W. E. and Law, J. (eds). Shaping Technology/Building Society [C]. Cambridge: MIT Press, 1992, 5 (11): 239-254.

功能。最后，拉图尔认为"非人"行动者在宏观层面上参与了人类社会的构成，还在微观层面上通过四种形式影响人的行为。在机体哲学看来，在宏观层面上，"非人"行动者之所以能够发挥这样的作用，是因为只有人才能给"非人"行动者注入"生机"，动物则不能。此外，除了"人工机体"，还应该重视"精神机体"和"社会机体"在构成人类社会中发挥的作用。在微观层面上，人工物对人类行动上的影响体现的正是"生机"的体现，即"通过对人工物进行很小投入而达到人类所期望的显著目的"，这种目的甚至包含着将"道德承载者"的功能赋予"人工机体"。

第四章 "行动者网络"——"生机"发挥作用的场所

本书在第三章阐述了行动者（特别是"非人"行动者）之所以会有行动能力，是因为行动者都有各自的"生机"，而"非人"行动者的"生机"是人类赋予的，它驱动着非人行动者的"行动"。当然，这种"行动能力"需要在网络环境中才能发挥作用。这就涉及下一个问题：行动者为什么要结成网络来行动？如果说前一章侧重讨论行动者（特别是"非人"行动者）个体的本质特征，那么这一章重点讨论的就是行动者网络整体上的本质特征。

在拉图尔看来，行动者网络具有两大特点：第一，网络具有时间和空间的属性。一方面，网络所包含的空间维度取消了社会/自然二分法在这个网络中的地位——不能用还原论的角度去看待网络和网络中的行动者，因为所有的行动者在网络中都发挥着转译的作用而不是简单的"传声筒"；另一方面，网络中所包含的时间维度使得网络所构建的科学、社会等都不是一种先天的存在，而是一种历史性、时间性的存在，即所有的行动者都处于不断地生成状态，而非一成不变的实体。第二，网络具有"集体"的属性。行动者之所以要依靠网络而行动，是因为行动者只有在网络中才能形成并维持其特定属性。在网络中，人与"非人"行动者由于彼此之间发生了属性的交换，因而出现了拉图尔所称的"客体间性"，它们共同构成了一个混合体或者"集体"（collection），没有了网络的行动者会迅速丧失其属性。从机体哲学解读行动者网络，不仅能够看到行动者网络更多的"关系"特征，还能够看到网络中蕴含的"生机"，有助于使得网络中的"不在场"行动者呈现"出场"的状态。

<<< 第四章 "行动者网络"——"生机"发挥作用的场所

第一节 拉图尔对"行动者网络"的理解及其评价

行动者网络作为行动者互动而结成的网络,拉图尔如何看待它的属性?这些属性对网络中的行动者产生了什么样的影响?拉图尔的这种解释有哪些不足?这些问题都需要一一厘清。

一、拉图尔对"行动者网络"的理解

要弄懂拉图尔的"行动者网络",首先要了解拉图尔对"行动者网络"理解的基本立场:拉图尔是不是"关系决定论者"或者"关系本体论者"?虽然拉图尔在其著作中从未公开承认自己是一个"关系决定论者"或者"关系本体论者",但他也从未否认这一点。在国内外学者的讨论中,大多数人认为拉图尔是持这种立场的人。一个最有力的证据是中国学者李雪垠在对拉图尔进行采访时,曾经询问拉图尔是否可以用"关系本体论"称谓其哲学时,拉图尔给予的是比较勉强的肯定。[①] 李雪垠和刘鹏曾经对拉图尔不愿意承认他是一个"关系决定论"或者"关系本体论者"进行过分析,这两位学者认为这是因为"关系本体论很容易被庸俗地理解为一种空间网络式的本体论",而拉图尔不愿意冒这样的风险。[②] 此外,李雪垠和刘鹏还认为,要理解拉图尔阐述行动者网络中的"关系决定论立场",仅仅从空间的维度上去理解是不够的,还必须从时间维度上,因为拉图尔对网络的理解有一个思想变化的过程。本节延续李雪垠和刘鹏两位学者的思路,一方面认同拉图尔是一个关系决定论者,另一方面也基于时间和空间的二重维度对行动者网络进行解读。

(一)时空二重性

首先,行动者网络超越了空间的远近概念。拉图尔认为从网络的角度考

---

① 李雪垠,刘鹏. 从空间之网到时间之网:拉图尔本体论思想的内在转变[J]. 自然辩证法研究,2009,25(7):52-56.
② 李雪垠,刘鹏. 从空间之网到时间之网:拉图尔本体论思想的内在转变[J]. 自然辩证法研究,2009,25(7):52-56.

虑的第一个优点就是摆脱了"距离的暴政"。网络中的行动者是有"连接"（connect）的，具体来讲断开连接时接近的行动者可能是无限远的；相反，当连接恢复时，看起来无限远的行动者可能是邻近的（如图4-1）。

图4-1　行动者网络中的距离①

如上图所示，如果不考虑连接，a行动者到e行动者的距离比起它到其他行动者如b、c、d更远，但是一旦a和e在网络中通过技术等手段建立了联系，则他们之间的距离是最短的，网络就具有这样的功能。例如，某人与另外一个人可能只有一米远，但是他们却没有建立联系，所以他们之间的"沟通距离"还是很远；反之，如果此人借助电话与千里外的家人建立联系，则他与家人的关系更密切；美国阿拉斯加的一只驯鹿可能离另一只驯鹿只有10米远，但它们之间却横着一条800公里的管道，这使它们可能永远不相见。总的说来，在行动者网络中，不存在不能由联系来定义的远近或距离。②

其次，网络摆脱了空间内外的区分。在传统社会学看来，对一个事实进行解释必须区分内部和外部，因为进行理论上的解释必须考虑隐藏到后面的"背景"（某种社会结构或者社会因素），以此来理解和解释前景（表面的各种社会现象）。而行动者网络是没有内外边界的，它将行动者之间的边界变得模糊。行动者网络没有前景和背景的思想直接受益于法国哲学家吉尔·德勒兹（Gilles Deleuze）提出的"块茎"（rhizome）思维。块茎思维认为实在并非静态的、同质性和二元对立的，反而是动态的、异质性的、非二元对立。德勒兹还联合加塔利（Felix Guattari）提出了块茎描述的三个原则：第一个和第二个是联系和异质性原则（principles of connection and hetrogeneity）。块茎的任何一点都可以连接到而且必须连接到其他任何一点上，块茎之间是多元异

---

① LATOUR B. On Actor-Network Theory：A Few Clarifications [J]. Soziale Welt Zeitschrift Für Sozialwissenschaftliche Forschung Und Praxis, 1996, 47 (47): 369-381.
② LATOUR B. On Actor-Network Theory：A Few Clarifications [J]. Soziale Welt Zeitschrift Für Sozialwissenschaftliche Forschung Und Praxis, 1996, 47 (47): 369-381.

质的相互联结，而不是一元同质的排列；第三个是"多元性原则"（principle of multiplicity）。块茎与块茎之间不是二元对立关系，而是多元共存的关系。[①] 拉图尔借鉴了这些原则，认为网络中的行动者同样是块茎状态的联结和断裂，而不是社会学基于树状思维体现的"前景"和"背景"的区分（如图4-2）。网络中没有任何内外区分，只有行动者相互作用而组成的像块茎一样的网络。例如，如果某个少年沉迷于网络游戏，社会学家会认为某个"社会因素"（如没有制定合适的网络"防沉迷"的规范、家长疏于管教等）是他沉迷于网络游戏的原因之一。在这个分析中，网络"防沉迷"的规范与家长的管教均是"背景"，而少年对游戏的沉迷则是"前景"。而在行动者网络理论看来，这种解释是欠缺的，整个网络游戏的网络应该是由以下几个部分构成：网络游戏运营商、网络游戏设计师、网络游戏产品、用户（少年本人）、家长、政府监管部门、网络规范条约等。这些都是行动者，不存在谁能够直接决定谁，他们彼此是相互影响相互制约的。这种网络视角能够更好地"还原"所有"不在场"的行动者，而不是简单地运用因果链条。

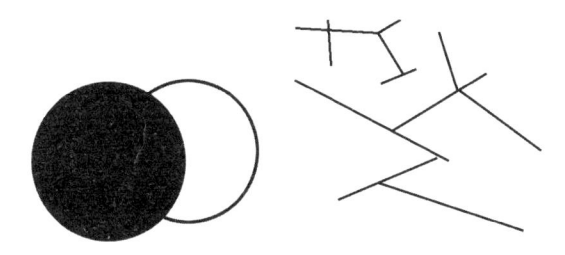

图 4-2 社会学的"前景"和"背景"与行动者网络的"块茎"[②]

最后，网络具有时间上的"不可逆"性。由于网络中的行动者都处于其他行动者行动能力的影响下，所以难以用还原的角度去看待行动者，这使得"时间性"上是不可逆的，如果用怀特海机体哲学的话来说，各种行动者都处于"生成"的状态。因此，网络的最关键之处不在于它的节点，而在于各个

---

① 麦永雄. 光滑空间与块茎思维：德勒兹的数字媒介诗学 [J]. 文艺研究，2007（12）：75-84，183-184.
② LATOUR B. On Actor-Network Theory：A Few Clarifications [J]. Soziale Welt Zeitschrift Für Sozialwissenschaftliche Forschung Und Praxis, 1996, 47 (47)：369-381.

节点之间的线。要了解某一个行动者，仅仅观察它是不够的，更重要的是要把握影响该行动者的其他行动者。同时，网络"叠加"了各种不同的时间。拉图尔认为网络中的行动者特别是"非人"行动者具有叠加不同时间的特性。以锤子为例，一个普通的锤子的制作过程就叠加了各种不同的"时间"：其中一个时间是古代行星的，因为它是用矿物铸成的；而另一个时间则是提供手柄的橡木提供的。此外，锤子还有另外不同的 10 年的历史，因为它是德国工厂为市场生产的。当操作者抓住锤子把手时，操作者将自己融入了塞尔所说的"时间的花环"（garland of time），这使人们能够将自己融入各种时间或时间差异中，它解释了与技术行动相联系的相对稳固性。时间的真理同样适用于空间，因为这个简陋的锤子在相当异质性的空间里，没有任何东西在技术行动之前能够聚集在一起，雅尔丁的森林、鲁尔的矿山、德国工厂，每周三在波旁尼斯街上提供折扣的工具车，最后是一个简陋的工作间。每一种技术都类似超现实主义者所说的"优美尸骸"（exquisite cadaver，一种游戏名称，即玩家在纸上随便写一个词，把纸折叠盖住文字后传给下一位玩家续写。由于不知道上一位玩家写了什么，最后得出的句子往往很荒诞。超现实主义者们首次玩这个游戏时产生的句子就是"优美尸骸应喝新酒"。由于该句中每个词都是由不同人提出并最后叠加在一起的，因此产生了非常戏剧化的结果①），如果人们按照这种"优美尸骸"的观点去理解，锤子中技术呈现的时间是叠加的，而不是仅仅当下时间呈现的样态。②

（二）"行动者网络"的"集体"特征

在传统的二元理论看来，主体和客体是相互对立的范畴，因此主体和客体的属性也是相互隔绝的。但在行动者网络理论看来，主体和客体的对立被"行动者"这一概念所消解，主体性和客体性也不再是相互封闭的属性；相反，它们两者是相互影响、相互渗透的，它们统一于行动者网络的集体属性中。

---

① GARFIELD E P. The Exquisite Cadaver of Surrealism [J]. Review: Literature and Arts of the Americas, 1972, 6 (7): 18-21.
② LATOUR B. Morality and Technology: The End of the Means [J]. Theory, Culture & Society, 2002, 19 (5-6): 256.

<<< 第四章 "行动者网络"——"生机"发挥作用的场所

  首先考察"人"。在拉图尔看来，人的主体性是一种开放的而非封闭的属性，它不断地从"物"的身上得到相关的资源来完善自己，所以主体性成为一种在人与物共同构成的集体中"流通"的属性，而非人只借助于自身便能够自足的一种属性。不同于传统认为的身体只不过是一些高级范畴（比如，灵魂、理念等）的暂时居住地，拉图尔认为身体是"能够同时产生出感知中介和感知世界的事业"[1]。例如，长期与某些固定物打交道的人身体的敏感性会远远高于常人。和普通人的耳朵相比，音乐家的耳朵能够识别多种音色；而画家在和普通人共同看风景时，他们也能够分辨颜色和空间结构存在的细微差别。这是因为外界的声音和光影在长期和这部分特殊人群打交道的过程中，更具体地说是这部分人的身体在和物的交流中，获得了超过常人的新的属性。此外，物还能够帮助人实现某些属性。拉图尔用"插件"（plug-ins）这个术语作了说明。"插件"这个术语来源于网络，当我们在网络空间访问某个网站时，我们经常在屏幕上什么也看不到。但是一个友好的警告提示你"可能没有正确的插件"，你应该"下载"一些软件，一旦安装到你的系统上，你就可以激活你以前看不到的东西。[2] 在现代社会中这种情况经常发生，例如，我们从淘宝上购买某种需要组装的用品时，我们必须借助说明书，而这个说明书就是某个"插件"。需要指出，即使拥有这样的说明书，有时候用户也不能马上组装好，需要用户一步步去摸索才能彻底将说明书上的操作说明内化，这个说明书中预设的"一般行动者"和具体的一个个用户（"个体化的参与者"）之间存在着操作中的距离。这就需要作为用户的"个体化的参与者"必须不断从物的身上获得某种技能，成为说明书上的"一般行动者"，就好像用户自身不断地从物的世界下载一个插件，给自己身上打上"补丁"，以弥补这个操作中的距离。此外，在日常生活中人也不是完全以主体形式存在，在特殊时期往往成为一个"拟主体"（quasi-subject）。拉图尔认为主体性并非一种封闭的属性，主体性成为一种在人与物共同构成的集体中

---

[1] LATOUR B. How to Talk About the Body？[J]. Body & Society, 2004, 10（2-3）: 205-229.

[2] LATOUR B. Reassembling the Social: An Introduction to Actor-Network-Theory [M]. London: Oxford University Press, 2005: 204-206.

"流通"的属性。

其次考察"物"。长期以来,"物"被一些科学家和哲学家看成是拥有某种不变本质的东西,而在拉图尔这里,物不再是一个静止的客体,而是成为具有行动能力的行动者,它的某种不变的本质和边界都不再存在,物永远处于物与物之间或者物与社会关系的暂时性的联结之中。第一,物同样能够被"内嵌"(fold into)入人的属性。打卡机的出现与它的改造过程,就是人的属性不断内嵌的过程;交通信号灯、斑马线的设置同样也是人类的某些制度和规则不断内嵌的产物。这种内嵌的结果就是,打卡机成为企业中某些人类角色的替代者,而交通信号灯、斑马线则成为部分交通规则的执行者。这样,物不再是客体而是"拟客体"(quasi-object),客体性同样成为在人与物共同构成的集体中"流通"的属性。第二,物能够"规约"(prescription)人的行为。"规约"是指"物对其预期中的人类或'非人'行动者所允许或禁止做的事情"。[①] 例如,前面提到旋转门就规约了通过它的人的行为——必须快速离开,当然这种规约会给一些其他的人带来困难,比如,带着大宗物品或者乘坐轮椅的残障人士等。此外,由于"物"内嵌入了"人"的属性,在某些时候还具有道德力量,比如,当司机驾驶小汽车忘记系安全带的时候,汽车会不断发出噪声提醒司机必须系上安全带;又如,很多长途汽车上面都带有驾驶计时功能,强制要求司机经历一个较长的驾驶时间后必须休息。但物的这种规约力量长期被社会学所忽略,成为拉图尔描述的视而不见的"暗物质"。第三,"物"成为对"人"的界定的一部分。袁隆平院士在杂交水稻出现之前,如果要给他的身份下一个定义,他是一位农业科技工作者、一名优秀的共产党员、一个游泳爱好者等,其中并没有出现"杂交水稻之父"的称号。但是,一旦袁隆平在实验室中与杂交水稻经历过长期的"磋商",并最终"生产"出杂交水稻之后,杂交水稻开始进入对袁隆平的定义之中,他成为"杂交水稻之父"。

总之,"人"与"物"在本体论上不再是属性绝对隔离的主体和客体,

[①] LATOUR B. Reassembling the Social: An Introduction to Actor-Network-Theory [M]. London: Oxford University Press, 2005: 232.

而是相互交融、相互缠绕的行动者。如果说人与人之间具有现象学强调的"主体间性",那么人与物之间则有"客体间性"。人并不是"通过"物进行互动,人本身就在"与"物互动。

二、对拉图尔"行动者网络"理解的评价

根据上面的介绍,拉图尔对"行动者网络"主要强调两点:一是行动者网络独有的时空属性使得这个网络难以用简单的还原论去理解;二是行动者"属性"的形成需要网络,在网络中行动者之间会发生属性的渗透。拉图尔对"为什么行动者必须结成网络来行动"问题的答案主要是在第二点,即行动者"属性"的形成和属性之间的渗透需要网络,这种回答是具有积极意义的。首先,这种说法强调了关系实在论。所谓关系实在论,"是主张关系即实在,实在即关系,关系先于关系者,关系者和关系可随透视方式而相互转化的一种哲学观点和理论"①。与"关系实在论"观点相对应的是"实体实在论",它强调"实体"决定"关系"而非"关系"决定"实体"。从关系实在论对"行动者网络"进行解读,将会使得网络中的"不在场"变得"在场",进一步看到网络及其行动者在以往"实体实在论"视域中忽略的特点,使得网络不再是一个静态的网络而是一个动态的网络。其次,强调网络的动态属性就能更好地理解"拟客体"的含义。在启蒙主义者看来,前现代的人们迷信地将科学、政治、宗教或自然和文化混为一谈,而启蒙主义则是要消除这种混为一谈的情况。但是行动者网络中体现出来的动态属性说明了行动本身便存在这种"混合","拟客体"就是用来表示这种混合状态。更详细地讲,现代性并非简单地呈现出将科学、政治、宗教或自然和文化等"分开"的机制(拉图尔称之为"纯化"),还有一种属性"混合"的机制(就是他所说的"转译"),对这两种机制的详细讨论本书将在第五章第一节展开。简言之,理解网络的动态属性就能够更好地理解"拟客体"和"现代性"。

拉图尔对行动者网络功能的这种理解,在机体哲学看来还有不足之处,可以进一步发展。一是拉图尔缺乏从"生机"机制进一步解释网络的其他特

---

① 罗嘉昌. 从物质实体到关系实体 [M]. 北京:中国人民大学出版社,2012:3.

点。正如前面所述，拉图尔虽然受到了怀特海"机体哲学"的影响，但从来没有将"行动者"当成真正意义上的机体来看待，这会导致他在研究行动者的行动能力来源时忽视了行动者具有的"生机"机制和网络具有的"生机"特征。具体来说，行动者之所以要结成网络来行动，是因为行动者只有在网络关系中才能够保持其特定属性，具备其行动能力，发挥其应有作用。网络不仅将行动者联系在一起，而且提供了行动者相互作用的途径和方式，使行动者的"生机"得以彰显。在这个意义上，行动者的网络具有类似人的生理系统的功能；二是拉图尔虽然从"关系"角度对网络和行动者的关系进行了解答，但他的侧重点还是在于属性的动态性，缺乏从"关系"角度的进一步挖掘。如果从关系角度进一步挖掘，我们会发现网络的这种属性不仅是动态的，还具有某种"动态的稳定性"，因为如果仅仅是动态的而非稳定的，甚至是转瞬即逝的，那么在一定时间范围内网络属性就难以持续存在，并且这种属性是难以把握和研究的。下面将详细地对这两点进行讨论。

第二节 "生机"在"行动者网络"中的作用

为什么机体中的"关系"能够决定"实体"？传递"生机"的网络与普通的网络区别在哪里？"生机"与网络是什么关系？"块茎说"的合理之处和局限性在哪里？这些问题将在本节进行探讨。

一、作为行动者存在前提的生机网络

在探讨传递"生机"的网络之前，有必要先回答一个问题：为什么机体中的"关系"能够决定"实体"？西方哲学长期注重逻辑思维，而逻辑思维以对象化为基础，只关注实体对象，力求将实体对象重新组合，于是才构成了各种机器、社会组织、制度和思想体系，形成了注重实体的"结构—功能"的发展模式。逻辑思维能够收集对象事物的显性的全部或部分信息，可以做出相应判断和推理，但由于忽视了隐性的关系背景因素，有些时候很可能不准确、不全面。例如，人们面对面交流能够畅通，是以周围社会关系的存在

第四章 "行动者网络"——"生机"发挥作用的场所

为"背景"才能实现;数学中"1+1=2"得以成立,是以十进制为前提的;一台电脑能够顺利地工作,是以供电系统正常运转、互联网联系畅通为基础的……而这些"背景"在通常意义上是被忽略的。进一步讲,社会生活中的个人在物理和生理意义上都是独立的,在思想上、意志上、行动上、经济上也可能是独立的,但这些都是显性的独立。个人在社会关系网络中的存在,体现在对社会关系的隐形的依赖性。因此,不同类型的机体("生命机体""人工机体""社会机体""精神机体")的存在,是一种"关系—意义"上的存在,即由机体中的关系网络出发来判断各种实体的意义和价值。以此为基础,就可以深入探讨传递"生机"的网络与普通的网络的区别。

前面提到"生机"是一种"由很小的投入取得显著的收益"的状态。那么,这种"生机"的状态是如何维持的呢?这就是通过机体内部和外部的关系网络。在机体哲学看来,机体的存在本身就是由机体同外部环境之间各种有机联系共同规定的,其内部结构的存在也是由内部各部分之间有机联系共同规定的。某一机体(或者机体的某一部分)不仅需要依赖于其他的机体(或者机体的其他部分)给他(或它)提供"生机",而且能够将"生机"传递给其他机体或者机体的其他部分。"行动者网络"中的各种关系就是传递"生机"的联系通道,各种联系通道交织在一起必然构成网络,而通过网络传递"生机"会引起机体各部分相互影响、相互约束机制的重新调整。总的说来,一个行动者网络之所以能够持续存在下去,一个根本的前提是它能够传递"生机",而"生机"能够传递必然要通过网络这一联系通道。中国传统思维强调"位"决定了个别事物的存在方式、性质、状态和发展趋势,如《中庸》讲"致中和,天地位焉,万物育焉"[1],也是强调机体网络中的各种关系对于机体得以存在和传递"生机"的意义。从这一点出发,可以体会传递"生机"的网络和不具备"生机"的网络有着本质的区别。前面提到,马路上的减速带和偶尔出现的水坑都能够使得车辆减速,它们和周围的环境也能分别构成不同网络,但是水坑会被人们填平,它所构成的网络趋向于消失,而减速带和人们构成的网络则会长久存在下去。究其原因,水坑虽然也具有

---

[1] 朱熹. 四书集注[M]. 长沙:岳麓书社,2004:26-27.

81

减速的功能，但是它受外界环境（如自然天气等）影响容易改变，不规则也不具有稳定性。它对通过车辆的影响不是人类有意识控制的，而且容易伤害车辆或影响行人。因此，水坑与周围环境构成的网络并不是一个传递"生机"的网络，这使得人们必须将其清理掉。而减速带和周围环境构成的网络则不同，它被"铭写"进了人类的规则，对通过车辆构成的影响可控，它自身的稳定性较强，这使得人们在日常的交通中需要依赖它达到让车辆减速的目的，不断给予它维护，使其保持"生机"。

此外，从上面减速带和水坑比较的案例还能够看到德勒兹"块茎说"的合理之处与局限。德勒兹的"块茎说"不区分"前景"和"背景"，将所有的行动者给予平等的地位，赋予了所有行动者"行动能力"。在上述案例中，无论水坑还是减速带都是具有行动能力的，这是"块茎说"的合理之处。但是它的局限性也很明显，按照"块茎说"，水坑和减速带都会和人共同发展成为"块茎"，但是它无法推断这两种不同"块茎"最终的命运——前者会被填平，后者会持续存在。而从"生机"角度出发，则不仅能够看到行动者的能动性，而且能够对网络的未来发展趋势做出准确的判断。

综上所述，行动者构成的网络不仅是拉图尔强调的属性渗透的网络，还是一个传递"生机"的网络，而通过网络传递"生机"需要机体各部分相互影响、相互约束机制的重新调整。但需要注意的是，网络中有些联系通道是显性的，容易进入人们的视域；有些则是隐蔽的，往往被人们忽视。现象学的突出贡献之一便是揭示这种"不在场"的隐性联系，让不在场"出场"，进而展示决定事物存在的相关网络。拉图尔注意到了这种隐性联系，但并没有从源头上回答"为什么会存在这种联系?"本书将引用拉图尔的早期著作《科学在行动》中的案例，对这一问题进一步加以分析和说明。

拉图尔在他的早期著作《科学在行动》中提出了一个问题："究竟谁在从事科学的工作?"[①] 一般人都认为是实验室的科学家，但拉图尔认为这个答案是不准确的。因为这个答案并没有从网络的角度对网络中所有的行动者进行

---

① 拉图尔. 科学在行动：怎样在社会中跟随科学家和工程师 [M]. 刘文旋，郑开，译. 北京：东方出版社，2005：264.

<<< 第四章 "行动者网络"——"生机"发挥作用的场所

考察，只重视"形成了的网络"而非"正在形成的网络"。如果用现象学的话语来说，仅仅盯着"在场"而忽略了"不在场"。拉图尔认为实际上网络中所有的行动者都在"从事"科学，而不仅仅局限于实验室中的几个所谓精英科学家，科学知识和科学产品的生产有一个明显的加速网络（见图4-3）。在这个加速网络中，并不存在所谓的实验室内外的划分。这里科学和技术是紧密联系的，而且科学和技术同时都受到了社会因素的影响，这种科学、技术与社会缠绕共生的现象就是拉图尔所说的"技科学"[1]，"科学和技术都有一种可以向外部大幅度扩展的'隐秘的'（esoteir）内容，因此，科学和技术只是技科学的一个子集"[2]。在一般的社会学家看来，诸如科学项目的负责人、科学项目的资助者、科学出版社的工作人员甚至是关心科学成果的普通群众，在科学产品和科学知识的生产过程中，他们要么是传统意义上"技术网络"中的人员，要么是传统意义上"社会网络"中的人员。但是，这两个网络实际上是交织在一起的，并不是截然分离的，正如图4-3反映的那样，这两个网络实际上构成了一个完整的技科学循环链条，处于这个链条的有"金钱、生产力、仪器、对象、论据和革新"等环节，每个环节都有相应的人担任，其中起着重要作用的是技科学的生产组织者，他们不仅能够到处奔波争取实验室外的经费等支持，并且能够影响着实验中的选题等，同时实验室外的人员也能够通过经费支持、论文把关等共同参与着技科学的生产。

最后，拉图尔还特别指出了这个网络的奇特之处——"双向变化"。所谓"双向变化"是指网络只要有新的人员加入或者新的技术注入，都会引起整个网络中人和物的双重改变，而非只有人或者物的简单改变。例如，柴油机是德国发明家鲁道夫·狄赛尔（Rudolf Diesel）发明的，为此他被称为"柴油机之父"。在柴油机的发明过程中，刚开始组成的行动者网络是"卡洛热力学+一部著作+一个专利+开尔文爵士"，后面随着新的行动者的加入和旧有的行动

---

[1] 邢冬梅. 科学与技术的文化主导权之争及其终结：科学、技术与技科学[J]. 自然辩证法研究，2011，27（9）：93-98.
[2] 拉图尔. 科学在行动：怎样在社会中跟随科学家和工程师[M]. 刘文旋，郑开，译. 北京：东方出版社，2005：174-175.

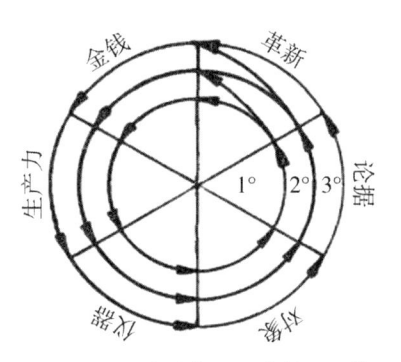

图 4-3 "技科学"生产循环图①

者的淘汰,这个网络变成了"MAN+克庐伯+几台模型机+两个协助狄赛尔工作的工程师+本地的技术秘诀+几家感兴趣的公司+一个新的空气注入系统"②。在这两个序列里面,虽然最初的发明可能只在狄赛尔头脑里面,但是后面有着数以百计的工程师等都做出了贡献,每一个新的行动者加入都改变了整个网络。因为无法用清晰的轨迹描述从头脑的概念到模型的过程,所以并不存在所谓从实验室到社会的扩散,这是一个实验室和社会共同建构的过程。并且,随着新的行动者的加入,旧有网络的人和物都发生了巨大变化,这是一个双向变化的过程。

如果从机体哲学角度重新解读这个案例,我们会发现拉图尔虽然看到了新加入行动者对整个网络和其他行动者的影响,但是他却没有回答一个问题:为什么新的行动者的加入会影响其他行动者呢?拉图尔之所以没有充分回答这个问题,不仅是因为前面提到拉图尔没有将行动者看成真正意义上的"机体",还因为人类学的方法重在描述而不是追根溯源。在机体哲学看来,网络中的行动者通过它们所在网络中的关系建立了传递"生机"的联系通道,所以整个网络是一个传递"生机"的机体网络,而不仅仅是具有行动能力的行动者构成的网络。在这个机体网络中,外界一个很小的诱因就能够在这个网

---

① 赵乐静,浦根祥."给我一个实验室,我能举起世界":拉图尔《实验室生活》及《行动中的科学》简介[J]. 自然辩证法通讯,1993(5):26-35.
② 拉图尔. 科学在行动:怎样在社会中跟随科学家和工程师[M]. 刘文旋,郑开,译. 北京:东方出版社,2005:179.

络中通过"生机"这种机制加以放大,从而出现了"牵一发而动全身"的特点,这就解释了为什么网络中的行动者在新的行动者加入后会产生剧烈的变化。

二、"行动者网络"中关系的动态稳定性

行动者网络理论强调行动者属性的形成和维持必须依靠网络。在机体哲学看来,网络中行动者之间的关系还具有动态稳定性。"动态稳定性"是指行动者或者机体中的关系在一定意义上具有相对独立性,不依赖于机体中某一特定的具体组成成分而存在。[①] 例如,构成"生命机体"每个器官、组织和细胞中的分子和原子,会随着新陈代谢过程不断更新,很多细胞不断产生又不断死亡,但机体的器官和组织始终保持稳定的结构和功能,不断呈现"生机"和活力,这里的各种关系是动态稳定且持续存在的。而这种情况在无机事物中是不存在的。这种机体中的动态稳定性在行动者网络中体现得更加明显。在行动者网络中,即使行动者自身发生某种改变,他(或它)们之间的联系通道却可以保持不变,这是"行动者网络"能够抵御外部和内部的各种干扰并保持稳定属性的重要前提条件,而这种性质也是需要通过网络得以保持的。比如,实验室中领军人物提出的重大研究方向改变会影响这个实验室的前途和命运,但是实验室中行动者的某些关系(人员结构、仪器设备、规章制度等)却有着相对稳定性,并不会随着行动者研究方向的改变而改变。被拉图尔称为"黑箱"的机器或理论在不同地方都会呈现出相同的效果,从行动者网络理论看来,这是因为尽管使用"黑箱"的行动者会有所不同,但只要"凝固"在"黑箱"中的操作程序、实验室环境依然按照原有的关系进行复制,依旧可能出现普适性。"现代人仅仅是通过'招募'(enlist)某一特定类型的'非人'行动者而创造了'长网络'(longer network)。网络的延展过程在其早期阶段就已经被打破,因为它可能会威胁到'领地'(territory)的维持。但是,通过增加半客半主的综合体——我们称之为机器和事实的数

---

① LORIMER J. Nonhuman Charisma [J]. Environment and Planning D: Society and Space, 2007, 25 (5): 83.

量,集体改变了其地形学。"① 换言之,最初在实验室形成的局部网络(短网络),通过在其他地方复制"黑箱"及维持"黑箱"的关系环境,使得这种局部网络变成了扩展到实验室之外的全球性的"长网络"。

下面从"短网络"到"长网络"的运行机制,对这种动态关系的稳定性进行分析说明。拉图尔发现,按照实验室工作流程的顺序链,某些类型的材料可以转化为其他材料,参与者的兴趣和注意力密切地跟随这种转化流。例如,一旦技术人员从某种机器上打印了一张图表,图表作为"输出"就成为他们共同关心的对象,而作为"输入"的实验室动物和化学物质现在就被简单地当作废物处理了。拉图尔认为,在科学生产的链条中,物质材料作为"输入",而一张纸上的一些标记或图表则成为"输出",这种情况是特别重要的。通过这些转变,在实验室的实在的物质材料,与科学家们对实验室里的现象和物体的谈论之间形成了一种桥梁,拉图尔把这个过程称为"文书铭文"(literary inscription)。在实验室里,铭文是通过特定的仪器或"铭文装置"来实现的。拉图尔将铭文装置定义为技术人员、机器和设备的组合,这些设备能够将一种物质转化为一种视觉显示,从而成为科学文章的一部分。② 在"铭文"这个概念的基础上,拉图尔进一步探讨为什么西方技术科学能够建立一个持久的全球网络,他认为其奥秘在于"不可变的移动"和"计算中心"。拉图尔强调了所谓计量学的意义——建立稳定的计量标准。计量学不仅仅是一个精确定义的问题,它还涉及在一个铭文网络中将这些定义具体化。如果没有标准化的计量单位,如果测量仪器没有制造、校准和维护以使它们不断满足这些标准,就几乎不可能为特定的陈述构建值得信赖的同盟。各种仪器的使用、绘画惯例、印刷机、稳定的测量标准和许多其他实用的创新产生了一串值得信赖的铭文。拉图尔把这种铭文称为"不可变和可组合的移动"(immutable and combinable mobiles)。这些铭文都流回到一个特定的位置,拉图尔称之为"计算中心"(center of calculation)。最明显的例子是

---

① 拉图尔.我们从未现代过:对称性人类学论集[M].刘鹏,安涅思,译.苏州:苏州大学出版社,2010:133.
② BLOK A, JENSEN T E. Bruno Latour: Hybrid Thoughts in a Hybrid World [M]. New York: Routledge, 2011:67.

气象研究所，它每天从国际合作者、卫星和数以千计的地面测量站收集有关天气的信息。随着铭文流入气象研究所，人们有可能把注意力放在文书工作上，而不是"天气"本身。这样，只要"不可变的移动"和"计算中心"能够维持住一种动态的稳定关系，那么从实验室的"短网络"便能够扩展并且维持一个全球性的"长网络"。但需要指出的是，这种长网络依然是网络，并非一种"普世的技术"，因为它依然具有和原先的局部网络同样的关系特征，在关系网络覆盖的范围之外没有这种适应性。例如，火车能够非常快捷地达到铁轨铺设的区域，但面对铁轨之外的区域则无能为力；同样，气象中心虽然在它覆盖的范围内能够非常准确地预测天气，但是在它的天气探测设备没有覆盖到的区域，其预测也是没有效果的。

在机体哲学看来，"不可变和可组合的移动"与"计算中心"之所以能够保证"长网络"的运行，其奥秘也就是在于成功地复制了原有"短网络"的联系通道，这使得"计算中心"能够保持对"不可变和可组合的移动"的控制力，保持了学术活动的"生机"，即实现了行动者之间的动态稳定性。即使局部发生了行动者的更替或者小的调整，这种控制能力依然不会衰退。反之，网络无论多么长，一旦出现了行动者之间的关系变革，即使原有的行动者不变，也会导致整个网络发生性质变化，使行动者网络的"生机"得以释放。以"社会机体"的变化为例，我国在改革开放之初，打破了过去在农村"一大二公"的体制，推进了"联产承包责任制"，在很短的时间内大大提高了农民的生产积极性，推动了农业的发展。在推行这种改革的过程中，虽然农村中的农民、土地、农具等行动者都没有发生改变，但由于行动者之间关系发生了根本性的变革，所以网络还是出现了新的变化。

本章小结

拉图尔认为行动者之所以结成网络来行动，是因为网络中的人和物都是对彼此开放的，两者在网络中流通并分享着彼此的属性，从而都具有"集体属性"。在机体哲学看来，强调行动者"属性"的形成和分享需要网络，这种回答虽有积极意义,但缺乏从"关系"角度对这一问题的更深入理解。首先,行动者只有在网络关系中才能够保持其特定属性,具备其行动能力,发挥其应有作用;其次,网络中的关系具有动态稳定性,这意味着即使行动者自身发生某种改变,他(或它)们之间的联系通道却可以保持不变,这是"行动者网络"能够抵御外部和内部各种干扰,并保持稳定属性的重要前提条件,而这种性质也是需要通过网络得以保持;最后,网络不仅将行动者联系在一起,而且提供了行动者相互作用的途径和方式,使行动者的"生机"得以彰显。

第五章　机体哲学视角的"行动者网络"演化机制

前面第三章和第四章分别从机体哲学视角讨论"行动者"个体和"行动者网络"整体的本质特征，从存在论的层面对拉图尔的行动者网络理论进行了新的解读。本章将进一步从演化机制方面对行动者网络理论进行新的解读。在行动者网络理论发展的最初阶段，拉图尔认为"行动者网络"演化的内在动力机制就是"转译"。在对现代性的研究中，拉图尔对网络的演化机制有了进一步的阐发，认为行动者网络的演化机制是"转译"和"纯化"的统一，本书将这种统一称为"转译说"。"转译说"在解释现代性的特点上很有说服力，但还存在不足之处，如"转译说"未能注意到人与"非人"行动者在意向性等方面存在差别，因而带有"万物有灵论"的嫌疑。在机体哲学看来，"转译说"在解释现代性的特点上拥有较强的解释能力，对于传统的主客二分法是一个很大冲击，但在网络的整体演化上仍具有局限性，其原因在于缺乏对"生机"这一机体特征的理解，仅仅只是描述了"转译"这个机制，但却缺乏对这一机制产生原因的解释。在机体哲学看来，人类对行动者之间"转译"过程中有分化、协同和整体性方面的要求，这就是"行动者网络"演化的机制所在。因此，必须从机体哲学角度重视这个前提，才能更好地阐释"行动者网络"的演化机制。

第一节　"转译说"的基本内容以及"非现代性"

拉图尔认为，"转译"和"纯化"是推动"行动者网络"演化的重要机制。当他用这种机制考察现代性时，认为现代性凸显了"纯化"而遗忘了"转译"，这就形成了"现代世界"与"非现代世界"的区别。只有更好地认识"转译"和"纯化"的双重作用，尤其要恢复被现代人刻意遗忘的"转译"，才能认清现代性的全貌。因此，他提出有别于"现代性"的"非现代性"。理解"非现代性"要承认拟客体的存在，还原"转译"和"纯化"同时存在的状态。

一、"转译"和"纯化"的关系

拉图尔在早期对行动者网络理论的研究中，认为转译是行动者网络演化的重要机制，这种看法和行动者网络理论的另外两个创始人卡龙和劳是一致的。拉图尔在《法国的巴斯德化》中将转译阐释为利益与研究纲领的观念融合为一，它包含三层意思。[①] 第一，"转译"意味着偏移、背离、模棱两可。人们从各种"利益"（interest）或语言游戏间的不对等关系出发进行表达，最终目的是使两个主张对等起来。贺建芹提出"转译"可以被理解为"行动者不断地把其他行动者的问题和利益，通过自己的语言翻译和转换出来的过程"，就是基于对这个层次的理解。[②] 第二，"转译"这一字眼也带有策略意味。它说明了每个行动者做了什么、去了哪里、建立了哪些据点等，都必须透过对手的立场，帮助他巩固其自身的利益。这个层次上的转译被拉图尔称为"英雄的历史"——虽然每个加盟的行动者都帮助过最初理论或者"黑箱"的创始人，但人们往往将功劳只归功于创始人。第三，可以在语言学上理解这一字眼，也就是说，所有的语言游戏都可以被翻译成同一版本，都可以被代之为"不论你愿望如何，这就是你真正想说的话"。这个层次即是一种被代言人代言的过程，如科学家代表"新客体"阐述其原理。进入20世纪90年代后，拉图尔开始转移他的研究重点，从早期的实验室生活转移到了对现代性的研究，这也是对行动者网络理论的进一步延伸。如果说早期的实验室

[①] 拉图尔. 巴斯德的实验室：细菌的战争与和平 [M]. 伍启鸿，陈荣泰，译. 台北：群学出版有限公司，2016：42.

[②] 贺建芹. 行动者的行动能力观念及其适当性反思 [D]. 济南：山东大学，2011：46.

研究是主要回顾西方世界的"过去"(对现代性中最具影响力的科学的研究),那么这次则是重点考察西方世界的"当下"(对现代性整体性的反思);如果说拉图尔在早期的行动者网络理论中重点考察了被忽略的"转译",那么这次对现代性考察则综合了显性的"纯化"(purification)和隐性的"转译"。

"现代性"(modernity)主要是一个哲学范畴,是现代化过程与结果所形成的属性。简单地讲,主客体二元论是现代性的基石,并据此衍生了事实与价值、自然与文化等的分裂与对立。从历史上看,这种分裂与对立起源于科学革命。在政治学中,宪法是对国家权力分配及其制衡关系的规定,而在拉图尔看来,现代性的本体论和认识论类似于宪法的建制,因此他称现代性的本体论和认识论为"现代宪法"。拉图尔认为必须从"现代宪法"的结构("纯化"和"转译")上,才能彻底地看清现代性及其产生的悖论。(见图5-1)

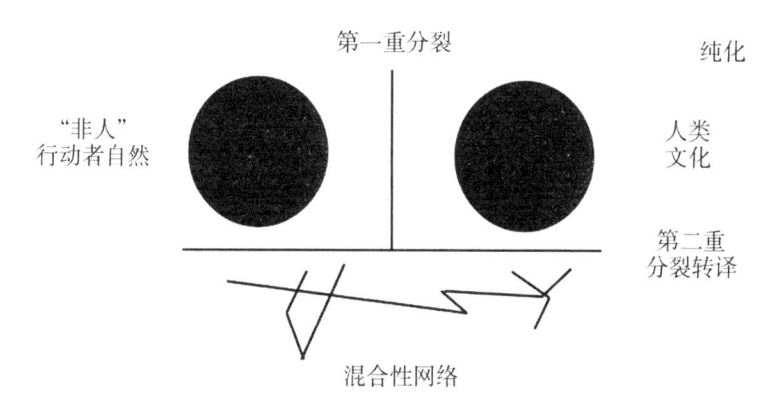

图 5-1 纯化和转译[1]

在《我们从未现代过》一书中,拉图尔将"纯化"和"转译"描述为一对实践,这一对实践使现代人看起来像一个奇迹的化身。第一个实践是"纯化",它产生了一系列的二分法,使得人类与"非人"行动者、自然与文化、主体与客体、信仰与理性、事实与价值等产生了分离;第二个实践是"转译",它将纯化的元素混合起来,从而产生了一系列混合网络和混合对象,更

---

[1] LATOUR B. We Have Never Been Modern [M]. Boston:Harvard University Press, 1993:11.

具体地说，就是将人类和"非人"行动者相互混合，"它们勾画出了科学、政治、经济、法律和宗教之间彼此纠缠的情况"①。简而言之，纯化的实践是不断分离并制造人类和"非人"行动者、自然和社会之间的鸿沟，这种实践被称为"现代的批判立场"（the modern critical stance）；而转译的实践是不断在自然和文化之间建立联系，不断形成网络、集体或者混合物。拉图尔用一个关于臭氧空洞的案例来解释"现代宪法"的奇特之处。打开一份刊登国际新闻的报纸，当读者在阅读这份报纸上关于臭氧层空洞的新闻时，首先会了解到大气化学家以及他们对地球两极上空的空气进行的测量；其次，读者会读到一些大型跨国公司管理部门关于排放废气的决策；再次，这个新闻会叙述一些工厂试图改变他们的生产过程而进行的工艺程序改进，这里面夹杂着化学物质、冰柜、气体类型和消费模式等讯息；最后，是国家元首之间的讨论、国际协议、子孙后代的权利和环保运动的抗议。对此，拉图尔的评论是："这篇文章用一条线索将化学家的反应与政治家的反应联系起来，将最艰深的科学和最肮脏的政治联系起来，将千里之外的高空与里昂郊区的工厂联系起来，将全球范围内面临的威胁与迫在眉睫的地方选举或即将进行的董事会联系起来。"② 拉图尔认为，这样的故事揭示了一个显著的悖论。一方面，是一个接一个被当代问题交织在一起的各种行动者，如艾滋病、电脑芯片、冷冻胚胎和亚马孙森林被烧毁等相互交织或混合的现象，也都具有这样的特征；另一方面，我们有以完全不同的方式对世界进行分类的悠久传统：我们倾向于认为我们必须区分知识与利益、正义与权力、社会与自然。换句话说，我们有一种倾向，认为世界可以而且必须被划分成这样明确的类别。然而，矛盾的是，一个接一个的现象混淆了我们认为应该分开的所有东西。现代人为他们的二分法的纯粹性而自豪，仅仅记住了"纯化"而忽视了"转译"，因为他们相信现代人只处理事实而不是其他迷信的事物，并且似乎完全没有意识到他们混合物的混合属性，如认为臭氧层的空洞是"纯粹的、事实的、公正的

---

① LATOUR B. We Have Never Been Modern [M]. Boston: Harvard University Press, 1993: 3.
② 拉图尔. 我们从未现代过：对称性人类学论集 [M]. 刘鹏，安涅思，译. 苏州：苏州大学出版社，2010：1.

科学问题"。

要停止现代性,没有必要解构二元论或消灭混合物,拉图尔认为需要做的就是同时关注"纯化"和"转译"的工作,将两个实践过程完全都完整地呈现出来,这就是他提倡的"非现代性"。

二、拉图尔的"非现代性"

拉图尔的"非现代性"(non-modernity)是针对"现代性"而提出来的。康德在哲学史上发动了著名的"哥白尼革命",把认识主体和对象的关系翻转了过来,实现了"人为自然立法"的原则,这是一种客体围绕着主体的思路。然而,在拉图尔看来,无论是客体围绕主体,还是主体围绕客体,都是错误的,这都是现代性的二元思路。从行动者网络理论来看,不存在截然分离的主客体,只存在以主客体混合状态出现的、处于中间地带的拟客体,而所谓主体与客体、自然与社会的两极形式只是拟客体部分性的、纯化的结果。"非现代性"就是承认拟客体的存在,还原"转译"和"纯化"同时存在的状态。拉图尔提出"非现代性"的意义是重大的,在拉图尔提出这一概念之初,他就立足于"非现代性"思考西方文明与其他文明的关系,这一点在他的著作《我们从未现代过》中得到了充分的表现。

拉图尔认为,西方人由于现代性的影响将西方文明和其他非西方文明区分开来,产生了如绝对的相对主义、文化相对主义、特例的普遍主义等一系列看法。(见图5-2)

首先是"绝对的相对主义"。有些人类学家认为每种文化都是一个有界限的整体,在性质上与其他文化是不同的。这一观点意味着文化是相互不可通约性的,不能以任何形式的等级制度安排,但这里没有提到自然。拉图尔称这种立场为"绝对相对主义"。

其次是"文化相对主义"。一些人类学家认为存在着一种普遍存在的本性,每种文化对这种本性都或多或少有一种精确的理解。这种文化相对主义

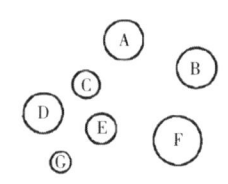

绝对的相对主义
文化不分等级，互无联系，互相不可通约；自然被搁置

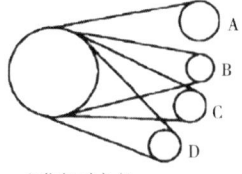

文化相对主义
自然在场但外在于文化；对于自然，文化或多或少都包含一些准确的观点

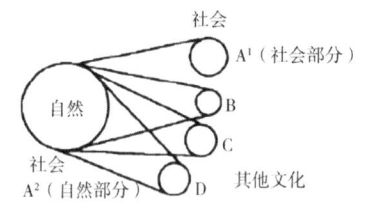

特例的普遍主义
某一种文化A具有理解自然的特权，这将之与其他文化区分开来

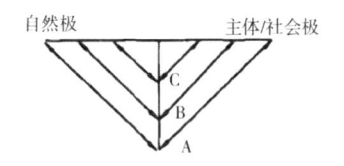

对称性的人类学
所有集体同样都构成了自然与文化；它们之间只有动员规模的差异

图 5-2　文化相对主义和普遍主义①

的观点，意味着可以根据文化对自然的理解的精确程度对文化进行排名。

最后是"特例的普遍主义"。这种观点可归因于法国人类学家克劳德·列维-施特劳斯（Claude Levi-Strauss）等人。与文化相对主义者一样，特例的普遍主义者相信自然是普遍的——所有文化只有一个共同的自然。除此之外，他们还认为，在世界各种文化中，只有一种——西方现代文化享有通过自然科学进入自然的特权。根据这些特殊的普遍主义者的观点，这种特殊的接触在"我们"和"他们"之间建立了一个决定性的认识论上的断裂：人们以为看到了自然的本来面目，而他们对自然的理解实际上是他们自己的社会范畴的投射。

拉图尔不同意上述所有这些观点，并运用"非现代性"对以上的观点进行分析。首先，拉图尔认为自然和社会的建构需要被看作同一枚硬币的两面。任何一个特定的集体都会建构自然和社会以及一系列其他元素。拉图尔建议我们应该在混合的类型和范围的多样性中，为集体或自然—文化的比较人类

---

① LATOUR B. We Have Never Been Modern [M]. Boston: Harvard University Press, 1993: 120.

学找到基础。为了比较集体,拉图尔认为首先需要认识到,每一个集体都会产生无数的"新物种",这些"新物种"被划分并赋予特定的特征。调动某些东西而不是其他东西,是可以接受的。这些分裂加在一起,造成了无数的小分裂,使这个世界的自然文化相互不同。在这种背景下,现代集体只是众多集体版本中的一个版本:我们现代人"与阿丘阿人之间的差异,就像他们与达比哈拜人或者阿拉佩什人之间的差别一样惊人"[①]。我们所面对的不是现代和前现代集体之间的巨大分歧,而是集体之间的诸多细微差别。但是,拉图尔也承认不同集体的力量是不一样的:有些集体动员的力量比较小,有些集体动员的力量比较大。基于这些差异,一些集体会比其他集体强大得多,有更多的机会支配其他集体。总之,拉图尔拒绝承认我们生活在一个"现代性"意义上西方与其他世界存在截然区别的世界,而是主张我们生活在一个调动了集体的"非现代性"世界。在"非现代性"世界中,"转译"和"纯化"都同时存在于行动者网络的演化链条之中。不存在只有"纯化"而没有"转译"的"现代世界",只有这样才能认清"现代性"的局限性。

三、对"转译说"以及"非现代性"的总体性评价

"转译说"以及"非现代性"自提出之日起便迅速引发了国内外学术界的广泛强烈反应,引发了一些学者关于对现代性的深入讨论,甚至有学者认为这种对现代性的解读是继哈贝马斯"未完成的计划"、吉登斯"晚期现代性"之后的又一力作。[②] 但是,"转译说"和"非现代性"也先后遭到了来自不同方面的批评,先集中讨论学者对"转译说"的批评。

第一,有学者认为"转译说"忽视了人对"非人"行动者在意向和责任上的转移。荷兰哲学家维贝克将拉图尔、伊德和伯格曼三者的思想,放在他的"技术中介论"思想体系中进行了比较。维贝克认为,伊德从技术现象学出发,最关注的是技术如何影响人的感知;而拉图尔和伯格曼从行动者网络

---

① LATOUR B. We Have Never Been Modern [M]. Boston: Harvard University Press, 1993: 107.
② 汪行福. 复杂现代性与拉图尔理论批判 [J]. 哲学研究, 2019 (10): 58-68.

理论等角度出发，主要关注的是技术如何影响人的行动。但拉图尔和伯格曼两者也有不同的侧重点：拉图尔是在人的行为的层次上展开的，而伯格曼是在人的生活的层次上展开的。维贝克将伊德的"技术现象学"进路称为"解释学"（hermeneutical）视角，而将拉图尔和伯格曼的行动者网络理论等进路称之为"存在主义"（existential）视角。从解释学的视角来看，技术通过影响人的"微观知觉"和"宏观知觉"调节着人对世界的感知，即影响着世界呈现于人的方式，其机制是"放大"和"缩小"；从存在主义的视角来看，技术通过影响人的行为和社会环境调节着人的存在形式，即影响着人呈现于世界的方式，其机制是"激励"和"抑制"。两种视角互为补充，共同构成了后现象学的技术中介理论。

第二，"转译说"被一些学者视为"万物有灵论"而遭受批评。"转译"虽然成功地将"非人"行动者也纳入"行动者网络"之中，并对其发挥的作用做出了说明，但是有学者认为它取消了"人"与"物"之间的差别，"非人"行动者不可能具有行动能力。[①] 美国历史学家西蒙·沙弗尔就认为根据广义对称性原则，该理论并没有成功地解释人如何有效地利用"非人"行动者取得成功，除非退回到"万物有灵论"。[②] 在他看来，在拉图尔解释巴斯德的成功案例中，要说明作为"非人"的微生物"热心"地服务于巴斯德的原因，只能是"万物有灵论"，因为拉图尔在很多论证中并没有回答好这一问题，忽略了很多巴斯德的竞争对手失败的论证。在沙弗尔的理解中，行动能力是一种主动做事情的能力，拉图尔的"非人"行动者无法"主动"帮助巴斯德或其他人做事情，除非具备"万物有灵"这个前提。

以上就是"转译说"所面临的主要批评，下面本书将从机体哲学角度分析"转译说"遭受批评的深层原因。一方面，"转译说"之所以会出现意向性方面的缺失，是因为"转译"这一概念是从行动者之间利益的角度开始阐发的，无论是甲方行动者用自己的话阐释乙方行动者的话，还是"黑箱"创

---

① 皮克林. 实践的冲撞：时间、力量与科学 [M]. 邢冬梅, 译. 南京：南京大学出版社, 2004：20.
② SCHAFFER S. The Eighteenth Brumaire of Bruno Latour [J]. Studies in History and Philosophy of Science Part A, 1991, 22 (1)：175-192.

始人对加盟者的控制,其核心点都在利益上。例如,在巴斯德的案例中,巴斯德派学者的利益在于推广其科研成果获得社会认可,卫生专家的利益在于解决公众难题维护他们集体的利益,军医的兴趣则是维护他们在军队中的地位等。当"转译"在描述人与"非人"行动者互动时,注重"非人"行动者被早已"嵌入"的脚本对人利益的影响,其关注点必然落在行动上而非意向性上。另一方面,"转译说"之所以被视为"万物有灵论",直接原因是拉图尔并没有解决"非人"行动者行动能力来源的问题,虽然一些理论家也赞成在事实描述中"非人"行动者对人行为上的影响,但他们却难以在逻辑上接受为何"非人"行动者能够"主动"影响人(即使拉图尔将这种能力解释为"被动"影响人),这在他们看来是复活了"万物有灵论"。伊德虽然注意到了技术对人的意向性影响作用,但对"非人"行动者的"行动能力"来源问题并没有明确回答。从前面提到的机体哲学角度看,"非人"行动者之所以会有行动能力,是因为人类赋予了它"生机",这种"生机"驱动着"非人"行动者的"行动",这就能够在逻辑上消除"万物有灵论"的诘难。

"转译说"对"纯化"批评过多,对其贡献探讨得不足。"转译说"重点强调的是"转译"机制及其带来的结果,对"纯化"机制造成的二元对立批评很多。但拉图尔对"纯化"带来的二元对立的必要性缺乏深入探讨。从机体哲学角度看,"纯化"不仅带来了概念的分化和精细化,而且使复杂的事物被分解为简单要素之间的关系,进而使各种简单要素有可能重新组合成新的要素(包括新的工具、机器、制度、社团、观念体系等),这实际上是激发了新的"生机"(新的发展的可能性)。而"转译"是对"纯化"带来的新事物的新的联结,是在传递新的"生机"。现代性凸显了"纯化"的好处。没有自然与社会的二分,也就没有自然科学,没有化学元素的发现,没有汽车、塑料、电脑这些人造物。但"纯化"造成的人们观念上的隔阂是应该反思和消除的,以避免新的"生机"失去传递和发挥作用的空间。"转译说"单纯强调现代人重视"纯化"而忽视"转译"的毛病,但并没有进一步解释为什么这种现象会存在。尽管拉图尔多次强调"转译"和"纯化"具有同等重要性,但重点在于论述两者在同一个演化链条中都起重要的作用——不存在单一的"纯化"而没有"转译"的演化,而"转译"和"纯化"的内在关系却不是探讨的重点。

而针对"非现代性",学者也提出了一些批评。

第一,一些历史学家和社会学家认为"非现代性"中缺乏对历史事实和差异性的关注。一些哲学家指出,某些特定的欧洲社会和某些特定的行动者在历史上某些明确界定的时刻就开始了现代化进程,这一事实在全世界产生了深远的影响。出于这个原因,我们很可能需要对现代性的历史环境进行更广泛的分析,这和拉图尔想要传达的内容是完全不一样的。例如,瑞典科学社会学家马克·埃拉姆指出,拉图尔对现代性的分析聚焦于某些以牺牲他人为代价的"巨大分歧"。对拉丁美洲人来说,令人吃惊的是,拉图尔的分析中完全没有性别和民族差异。[1]

第二,有学者还认为拉图尔对"非现代性"的描述是模棱两可的,例如,复旦大学汪行福认为拉图尔在描述"我们从未现代过"这一命题时,包含着四重含义:一是现代性宪法在理论上将人类与"非人"行动者分离开来,但是在实践中却又混合,这是自相矛盾的;二是现代性宪法赋予了人获得理性从而"解放自己"的幻境,但实际中却没有达到,现代性自我批评的任务并没有完成;三是现代性提倡的二元论在某些方面并不具备对前现代"一元论"的优势,例如,前现代人在对待自然时明显没有出现今天这种人与自然的紧张局面;四是主张这种"宪法"的西方人并没有让世界开放、多元,因为这种"宪法"总是在干相反的事,让世界都被"西方化"。[2] 在此意义上,汪行福认为拉图尔这一命题更多的是揭示了"我们再也不能这样现代下去了"。

学者们在评述"非现代性"时,集中在"非现代性"的表述以及论据是否充分可靠的问题上,但他们很少从行动者网络的演化机制上进行评价,也同样缺乏对这两种机制内在关系的探讨。在机体哲学看来,"非现代性"的实质在于恢复"转译"和"纯化"的统一,但这种统一并非简单的认识论问题——还行动者网络演化一个真面目,更重要的是如何在实践中达成这种统一,进一步讲就是如何引导"转译"和"纯化"平衡发展,这正是网络整体

---

[1] ELAM M. Living Dangerously with Bruno Latour in a Hybrid World [J]. Theory, Culture & Society, 1999, 16 (4): 74.
[2] 汪行福. 复杂现代性与拉图尔理论批判 [J]. 哲学研究, 2019 (10): 58-68.

性的要求，而拉图尔的"转译说"却很少涉及这方面。

如果要弥补以上不足，必须从机体哲学角度重新考察"转译"和"纯化"的内在关系，并且从行动者网络演化的角度来探讨如何引导"纯化"和"转译"的平衡发展。下一节将着重探讨这些问题。

第二节 分化、协同、整体性要求与"行动者网络"的演化

在机体哲学看来，现代人之所以重视"纯化"而忽视"转译"，其原因在于"转译说"并未具体讨论人类对行动者之间"转译"过程中有关分化、协同和整体性方面的要求。具体来说，"非人"行动者的结构和功能的不断分化，对应于"纯化"的过程，目的是创造出"非人"行动者新的发展空间，焕发新的"生机"。"非人"行动者发展的协同要求，对应于"转译"的过程，"转译"将分化出来的新的结构和功能按照协同的要求再组合、再联结，形成具有新的"生机"的行动者网络；整体性要求引导分化与协同的平衡发展，而"转译"和"纯化"的脱节正是整体性要求弱化的结果。

一、分化与"行动者网络"的演化

在机体哲学看来，"分化"是人类为"非人"行动者注入"生机"带来的结果。以"人工机体"为例，"人工机体"的设计者基于意向和经验等，通过设计和制作等技术活动改变了"人工机体"的结构，从而使"人工机体"原有功能发生改变、增强或者增添了新的功能。更具体说，人类将功能、意向和责任赋予"人工机体"，目的是在使用"人工机体"的过程中更加省力、有效、可靠。"人工机体"的功能变化具有由简单到复杂、由低级到高级的特点，但是这种变化遵循"生机"的逻辑关系，那就是人类希望通过对"人工机体"的适当调节达到"以很小的投入取得显著收益"的目的。由此带来各种"非人"行动者"生机"的不断增强，进而推动"行动者网络"不断分化。"功能""意向""责任"这三者之间有着深刻的联系，于雪在其博

士论文中曾论述过三者之间的联系。① 她认为"功能""意向""责任"在涉及技术物品的研究中具有明确的因果关系,具体来说是"功能"体现了"意向"并决定了"责任"。"功能"之所以体现了"意向",是因为"功能"表达了某个"人工机体"的实际用途,而这种用途总是有指向性的,反映出的是与"功能"相关的主体的意向。主体的意向在"潜能"阶段只是一种心理活动和思维活动的建构,要转变为"现实"也需要借助于"功能"才能实现。第二,"功能"之所以决定了"责任",是因为设计者赋予"人工机体"不同的用途和特点,使"人工机体"表现出在固定关系中的特定"角色",这种"角色"意味着这些"人工机体"在社会关系中承担了某种意义上的"责任"。

行动者的"生机"演化(或者说人对"非人"行动者属性的赋予过程)并非一蹴而就,而是有一个分阶段的过程。本书将行动者网络的演化分为积蓄和展开两个阶段,这两个阶段分别有不同的特点,下面将具体说明。

(一)"生机"的积蓄阶段

在"生机"的积蓄阶段,人开始将自身的机体特性赋予"非人"行动者("人工机体"),主要体现为功能的转移。(见图5-3)本书依然从"输入—输出—反馈"流程来详细分析"生机"的"积蓄"阶段,同时突出输入阶段"意向""功能""责任"转移的问题,以及输出阶段对"生命机体""社会机体""精神机体"的影响问题。

首先是"输入"环节。在这一阶段,人类(主要是"人工机体"的设计者)基于意向和经验等,通过设计和制作等技术活动改变了"人工机体"的结构,从而使得"人工机体"原有功能发生改变、增强或者增添了新的功能。更具体说是人类将肢体、感知、思维等功能赋予"人工机体",其目的是在使用"人工机体"的过程中更加省力、有效,这主要是从技术活动效能和经济效益角度考虑的。在"生机"积蓄阶段,这种转移主要是"功能"上的转移,而"意向"与"责任"的转移不明显。

其次是"输出"环节。在"生机"积蓄阶段,一般说来新功能尚未明显影响到"生命机体""社会机体"与"精神机体",究其原因:一是新功能在诞

---

① 于雪. 人机关系的机体哲学探析[D]. 大连:大连理工大学, 2017: 36.

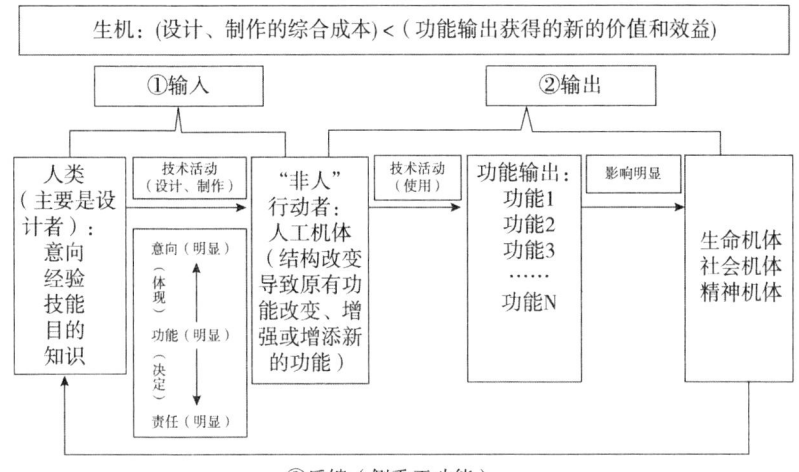

图 5-3 "生机"积蓄阶段的"输入—输出—反馈"示意图

生之初主要是在技术和生产领域发挥作用，很少直接导致"生命机体""社会机体"与"精神机体"的改变；二是新功能在初期使用过程中尚未直接引发"意向"和"责任"方面的显著问题，往往难以引起人们在这些方面的特别关注。

最后是"反馈"环节。由于在输出阶段新功能未能明显影响到"生命机体""人工机体"与"社会机体"，因此"人工机体"的使用者往往关心新功能是否强大，通过该功能是否能够带来预期的收益，即是否未来具有较大的"商机"。而对"功能"层面的关注反馈到设计者之后，他们会集中在"人工机体"的技术层面思考问题。

总的说来，"生机"的积蓄阶段也是对"生机"的考验阶段，在输入、输出和反馈三个不同的环节都存在着不足。要顺利通过"生机"的积蓄阶段，必须通过改善技术使得"人工机体"使用的"总收益"明显大于"总投入"。这里所说的"总投入"不仅是指经济上的成本，还包括时间成本、管理成本等，而这里的"总收益"不仅是指经济上的效益，同时也包括社会效益等其他方面的效益，例如，一些有局部经济效益而严重缺乏社会效益的投入，社会是予以制止的（如毒品开发），还有一些有巨大社会效益而缺乏明显经济效益的投入反而获得社会支持（如免费疫苗的研发）。经过综合考量，人们如果发现"总投入"是大于"总收益"的，人们则停止这种投入，让该"人工机体"

101

终止于这一阶段并面临被淘汰的命运。反之，人们如果发现"总投入"小于"总收益"，或者持续一段时间后总投入会小于总收益，人们则继续这种投入，让该"人工机体"进入"生机"积累的下一个阶段——"生机"的展开阶段。

（二）"生机"的展开阶段

在"生机"展开阶段，与前一阶段相比这一阶段最明显的特征是对"人工机体"的反馈是以意向和责任转移为主。原因是在这一阶段由于技术的不断改进，在输出环节，"人工机体"的新功能已经明显影响到"生命机体""社会机体"和"精神机体"，这些功能甚至形成了"功能群"。具体来说：一方面，由于前期技术方面的某些问题被解决，人类对"人工机体"意向性和责任的转移也得到了技术上的加强，给"人工机体"新功能上的加强提供了条件；另一方面，用户、产品生产者、产品的社会政策制定者等在"生机"的积蓄阶段，已经给设计者反馈了大量关于"人工机体"设计和使用的建议和意见，从而使设计者变得有针对性地升级旧功能、设计新功能以及整合多种功能，使得原有的功能不断升级换代。此时，在反馈环节，人类不再仅仅关注人工物技术层面的问题，而更关注人工物的"意向"与"责任"的问题，这些反馈的信息会倒逼设计者在更高层次上评价行动者网络的演化，重新在输入环节进行设计，从而出现了人类对"人工机体"中功能、意向与责任的全方位关注，在上一个阶段不明显的意向与责任的转移也开始变得明显起来。在"生机"展开阶段，人类之所以更集中于"人工机体"中的意向与责任的转移，其内在逻辑也是希望通过这种转移达到"以很小的投入取得显著收益"的意图，只不过意向与责任的转移更多地体现在社会效益和其他效益上，但这两者都体现了"生机"的特点。

以手机发展史为例，在手机最初处于模拟信号阶段即1G时代，"大哥大"是这个时代的标志。这个阶段手机依赖于人的操作、控制和设计，而人主要依赖手机的通话功能来解决实际问题。在这个阶段，人将功能、意向和责任都转移到了手机中，但无论是设计者还是使用者都对意向性和责任的转移关注比较少，对手机的功能技术层面关注得比较多，这个阶段对应于"生机"的"积蓄"阶段。此时手机功能相当于卡普和马克思所说的"器官投影"和"器官延长"阶段，只是作为人的功能的延长工具而非必不可少的部分。用伊

第五章 机体哲学视角的"行动者网络"演化机制

德的话来说,这时候人机之间更多的是一种"它异关系"和"具身关系"。到了"生机"的"展开"阶段,被转移的机体特性大大增强,手机的功能变得强大,同时被忽略的意向和责任都开始在"非人"行动者身上凸显出来。智能手机不仅实现了彩屏、易携带等外在功能,人的意向和责任也被更多地"嵌入"其中,有效地实现了人机互动。由于这种质的飞跃,这里"非人"行动者的行动能力在人和"非人"行动者共同组成的网络中开始显现出来,表现出一定的主动性,即"人工机体"开始渗透到人们的社会交往和精神生活中,成为必不可少的一部分。这时,伊德所说的"诠释关系"和"背景关系"也开始出现,体现为智能技术广泛地渗透到人类生活各个层面,并力图用智能机器的优势来取代人的部分智能活动。

如果就人和"人工机体"之间的关系而言,还可以看到在"生机"积蓄和展开的不同阶段,人机之间的关系也是不同的。在第一个阶段人和"人工机体"关系比较松散,人和"人工机体"关系比较容易确定,而在第二阶段人和"人工机体"关系则比较紧密,人和"人工机体"之间的界限变得模糊(图 5-4)。这对应于在第三章第二节提到于雪所说的人机关系"相互依赖""相互渗透""相互嵌入"三阶段,在最高级的"嵌入"阶段的代表即是人和机器共同组成的半人半机器的赛博格。①

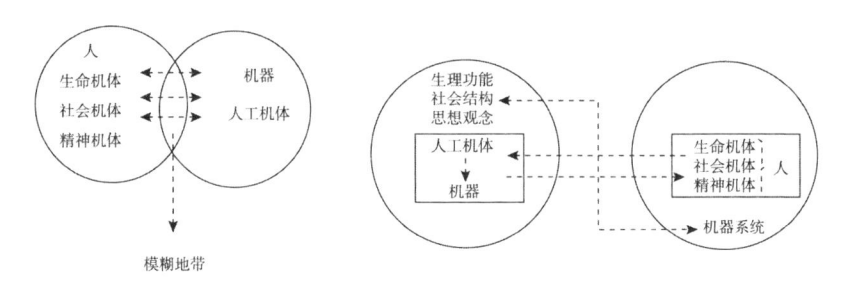

说明:生机"展开"阶段,人机关系呈现"相互渗透"关系②或"相互嵌入"关系③

图 5-4 生机"积蓄"和"展开"阶段的人机关系图

---

① 于雪. 人机关系的机体哲学探析 [D]. 大连:大连理工大学,2017.
② 于雪. 人机关系的机体哲学探析 [D]. 大连:大连理工大学,2017.
③ 于雪. 人机关系的机体哲学探析 [D]. 大连:大连理工大学,2017.

以上对行动者网络演化动力的分析，更多的是从"分化"这一过程进行讨论，但行动者网络的演化过程中仅仅有分化的过程是不够的。分化虽然使得"非人"行动者具备了新的结构和功能，从而导致整个网络（系统）中各个"非人"行动者（要素）的质量提高，但并非必然会导致整个网络的整体性能提高。因为在行动者网络中，一定时间和空间内总体的发展空间是有限的（"生机"是有限的），所以不同的行动者之间往往具有竞争的关系。如果只有竞争，整个网络（系统）不仅不会因为分化而提高整体性能，相反会导致整体性能的下降。因此，要提高网络的整体性能，创造新的发展空间从而焕发新的"生机"，还需要提高整个网络中不同行动者之间的合作作用——需要发挥协同的重要作用。

二、协同与"行动者网络"的演化

协同反映的是事物之间、系统或要素之间保持合作性、集体性的状态和趋势。[1]"协同论"（synergetics）的创立者是联邦德国斯图加特大学教授、著名物理学家哈肯（Hermann Haken）。1971年他提出"协同"的概念，1976年系统地论述了协同理论，发表了《协同学导论》，还著有《高等协同学》等。协同论主要研究远离平衡态的开放系统在与外界有物质或能量交换的情况下，如何通过自己内部的协同作用，自发地出现时间、空间和功能上的有序结构，其内容可以概括为三方面：协同效应、伺服原理和自组织原理。[2] 协同论认为，千差万别的系统，尽管其属性不同，但在整个环境中，各个系统之间存在着相互影响而又相互合作的关系。在机体哲学看来，行动者网络中的行动者也需要协同发挥作用，因为在一个健康运行的行动者网络中，一定时期内所能够利用的总资源总是有限的，所有行动者需要通过协同作用，共同生存，节约资源，才能求得在一定时空条件下相互之间的生存平衡和持续发展。其中，协同进化是一个最突出的表现。在生物学中，协同进化一般是指两个相互作用的物种在进化过程中相互适应的共同进化，以及生物与环境之间在长

---

[1] 魏宏森，曾国屏. 系统论：系统科学哲学 [M]. 北京：世界图书出版公司，2009：315.
[2] 白列湖. 协同论与管理协同理论 [J]. 甘肃社会科学，2007（5）：228-230.

第五章 机体哲学视角的"行动者网络"演化机制

期相互适应过程中的共同进化或演化。[1] 在行动者网络中,各种行动者之间也会发生协同进化,这里包括不同类型机体之间、同类型不同机体之间以及机体内部各部分之间的系统进化。而协同进化意味着不能够参与协同作用的机体或其组成部分可能被淘汰,其生成和发展的"生机"会被终止。[2] 机体及其各组成部分的机能都是高度专业化的,都需要与其他机体或机体的其他部分合理的协同作用,实现功能互补,才能在进化中保持自身的生机和活力,持续稳定发展。"非人"行动者发展的协同要求,对应于"转译"的过程,"转译"将分化出来的新的功能和结构,按照协同的要求再组合、再联结,形成具有新的"生机"的行动者网络。

下面以汽车的发展史为例进行说明。[3] 汽车作为"人工机体"存在于行动者网络之中,这个网络是由汽车工程师、汽车生产企业家、汽车使用用户、汽车生产工厂等行动者共同组成的。在美国汽车生产崛起之前,欧洲一度是汽车的生产中心,但汽车当时是奢侈品的代名词,一个重要的原因是与其配套的生产管理体制相对落后,工人通过生产小组相互协作的方式把各种零件用手工的方式组装成汽车。这种生产方式使得汽车生产率低并且汽车价格昂贵,豪华型轿车的生产占据主流,汽车在欧洲都难以得到大范围普及。但自从美国企业家福特创立了"福特制"后,轿车的生产效率大幅度提高,价格低廉的"T型车"成为主流,从此,"福特制+T型车"开始取代原有的"手工协作组装+豪华轿车"的汽车生产销售网络,使汽车在全美国甚至世界上得到普及。但"T型车"风靡世界很长一段时间后,其适应路段情况单一、品种单调的缺点逐渐暴露出来,这些缺点限制了汽车生产销售网络的扩展。此时,全世界的汽车公司开始针对这些弱点改进原有的生产销售网络,与福特公司开始竞争:美国国内的通用汽车公司开始改进车型;欧洲的汽车生产商在技术上对汽车进行改进,生产出能够适应不同路段且品种多样的汽车;日本汽车生产商则发展出了"丰田生产方式",大批量制造更加舒适和造价更低

---

[1] 王德利,高莹. 竞争进化与协同进化 [J]. 生态学杂志,2005(10):1182-1186.
[2] 王前. 生机的意蕴:中国文化背景的机体哲学 [M]. 北京:人民出版社,2017:110.
[3] 刘志刚. 汽车发展史简述 [J]. 汽车运用,2000(12):15-16.

的小汽车。此后，世界范围内的"福特制+T型车"构成的汽车生产销售网络被彻底淘汰，出现了"美日欧"三足鼎立的状态，并且这三组配套的生产制度和生产技术各不相同。如果从机体角度分析以上的过程，汽车生产管理模式属于"社会机体"，而汽车及其生产技术本身属于"人工机体"。仅就它们两者而言，任何一种机体一旦出现新的"生机"会马上传递给另一种机体，所以两种机体在互动过程中会出现协同的趋势，生成一种新的"生机"：不能适应这种整体性改变的部分则会陷入"生机"停滞的阶段，最终被整个网络所淘汰；而适应整体性改变的部分则开始出现结构和功能的分化，促使整个网络出现整体性的质变。在汽车生产管理模式变革的背后，还有"精神机体"的作用，这就是汽车作为消费品，从观念上看由奢侈消费导向转为大众消费导向，再由同质化消费导向转为个性化消费导向，这里牵涉到思想文化与社会发展理念的复杂互动关系，其中孕育的"生机"对以汽车为中心的行动者网络的协同进化也有深刻影响。

三、整体性要求与"行动者网络"的演化

分化和协同在行动者网络演化中起着重要的作用，但这两个过程并非单独进行，而是统一的。总的说来，行动者网络的演化离不开分化和协同的共同作用。不同类型的机体在个体层次上的"生机"展开，势必带来个体内部结构和功能的分化，进而带来个体之间的竞争和冲突；同时，各种机体又相互嵌入、相互连接，成为由各种有机联系构成的有机整体，这又要求个体之间的和谐与协同。这就要求在行动者网络的演化过程中，必须协调好协同与分化的关系，这样才能提高网络的整体性，才能凸显网络的"生机"。整体性是客观事物作为系统存在时的一种基本特性的体现，最简单的理解就是"整体大于它的各个部分之和"。当诸多行动者联合成为一个网络整体时，在分化和协同的共同作用下将会产生整体效应，但是整体效应未必一定是"整体大于部分"，它有三种不同的性质：正效应（整体大于部分）、负效应（整体小于部分）以及中性效应（整体等于部分）。[①] 此外，从机体哲学的角度来看，

---

① 张道民. 论整体性原理[J]. 科学技术与辩证法, 1994 (1): 35-39.

整体性还表现为网络中各种机体之间共存共生的状态，以及机体内部各个组成部分的共生共存的状态。在现实生活中，如果仅仅只考虑一种机体的"生机"或者仅仅只是考虑机体内部某个组成部分的"生机"，可能会导致网络中其他机体或者某个机体内部其他部分"生机"的丧失，进而干扰网络中所有机体或者某个机体整体共生共存的状态。例如，当前社会上存在着整容的产业，如果控制在人的"生命机体"能够承受的范围内，接受整容的消费者会因为容貌的变化而获得一些新的"生机"，诸如容貌提升（"生命机体"的"生机"）、外界赞美（"社会机体"中的"生机"）和自信心提高（"精神机体"的"生机"）。但如果整容过度，即使短时间内能获得诸如前面所述"生机"，这种情况也注定不能长久，最终会因为身体某些地方受损严重进而给整容的消费者带来社会压力和精神压力。如果从机体角度分析过度整容带来危害的原因，就是整容者为了局部的、暂时的"生机"而过度牺牲了整体的"生机"，干扰了"生命机体"各个部分之间共存共生的状态，最终导致整个机体网络的失衡。因此，要想整体效益呈现出正效应，整个网络中各种类型机体及其机体各个组成部分和谐共生，就要求整个网络的所有行动者有序运行且充满活力；反之，如果网络中的行动者混乱无序并且相互冲突，则会出现负效应，网络中各种类型机体以及机体各个组成部分之间会相互牵制、相互抵消。

四、行动者网络演化中"危机"的化解

行动者网络演化的结果不一定都是好的。这是因为在行动者演化过程中，"生机"带来的结果总体上是良性的，也被称为"良机"；但"生机"在特定条件下也可能向恶性转化，被称为"危机"。"危机"就是负面的"生机"，它同样具有由起初很小的投入导致后面的显著（负面）后果的特点。因此，有必要从机体哲学角度分析"危机"产生的原因，这样才能对行动者网络演化机制有一个全面了解。产生"危机"的原因是多方面的，部分原因是一些人可能会给"机体"增添不良的功能，例如，三聚氰胺最初是作为高效的氮

肥，却被不良商家做成"毒奶粉"的原料；① 又如，鸦片最初是作为手术麻醉品使用，却被一些人高度提纯制成毒品危害至今。此外，网络中"分化"与"协同"两种作用的分离和失衡也可能导致网络产生"危机"。例如，在早期工业革命时期，一些资本家为了牟取暴利，只考虑充分发挥机器的功能而不顾工人的劳动环境——让机器分享过多的"生机"，甚至以牺牲人的"生机"为其服务，结果机器成了人的对立面，甚至发生了工人捣毁机器的"卢德运动"。② 要防止"生机"变为"危机"，一是在对机体的日常管理过程中，要善于利用"生机"来调控"生机"；二是了解"危机"产生和扩散渠道，坚持综合治理。

所谓善于利用"生机"来调控"生机"，不是指"自返"意义上的用"生机"自我调控，而是指通过发展新的"生机"来调控旧有的"生机"，以此来恢复原来的机体平衡，控制危机的发展。以"生机"来调控"生机"追求的是更为根本的"生机"，效益更大的"生机"，这种管理模式适用于各种类型的机体活动。机体管理的最高境界是"无为而治"，寓管理于无形之中。潜移默化就是一种以"生机"来调控"生机"的有效途径。③ 通过微调来实现有效控制，要比大幅度的剧烈调控有更好的效果，能更好地预防网络"危机"的产生。对"生命机体"而言，以"生机"来调控"生机"，意味着通过发展"生命机体"中新的"生机"来恢复原来的机体平衡。中医治病强调"扶正祛邪"，注重"治未病"，就是典型的以"生机"来调控"生机"。中医强调养生，通过加强身体锻炼，增强抵抗力，以达到"百病不生"的效果，也是以"生机"来调控"生机"。对"人工机体"而言，以"生机"来调控"生机"，体现为通过某种"人工机体"控制另一种"人工机体"的作用，如机械设计中的自动控制、化学药物的降解剂、治理工业废弃物的循环经济措施等。对"社会机体"而言，以"生机"来调控"生机"意味寻找各种经济、政治、军事、教育、文艺活动的权衡机制，通过发挥某种或某些社会因

---

① 韩刚，杨波. 国内几种三聚氰胺工艺技术简介［J］. 氮肥技术, 2014, 35 (3): 42-44.
② 姚建华, 徐偲骕. 新"卢德运动"会出现吗？——人工智能与工作/后工作世界的未来［J］. 现代传播（中国传媒大学学报), 2020, 42 (5): 45-50.
③ 王前. 生机的意蕴：中国文化背景的机体哲学［M］. 北京：人民出版社, 2017: 315.

素的"生机"的作用,控制其他社会因素的"生机"的变化。在历史上,封建社会统治阶层的权力博弈、先秦时期各国之间的纵横捭阖、军事上的"围点打援"、魏源提出的"师夷之长技以制夷",都是典型的以"生机"来调控"生机"。相对于"精神机体"而言,以"生机"来调控"生机"意味着用一种更有生机和活力的"精神机体"引导或限制其他"精神机体"的变化,体现为教化、开导、心理干预等手段。以"生机"来调控"生机"能够适应机体特点,因势利导,顺势而为,以很小的代价化解和消除危机,促进人类社会的和谐发展。以"生机"来调控"生机",由此可以推动行动者网络向更为健康、安全、高效的方向发展,这是拉图尔的行动者网络理论未能涉及的,由此也可以看出从机体哲学视角解读行动者网络理论的必要性。

所谓了解"危机"产生和扩散渠道,坚持综合治理,指的是为了化解行动者网络演化中可能会带来的"危机",需要对危机的各种渠道尤其是隐性渠道进行分析,并对这些渠道采取整体的、综合的措施。仅仅注重显性渠道,采取"头痛医头,脚痛医脚"的策略,必然事倍功半。这里以生态危机治理为例进行分析。

在机体哲学看来,生态危机实际上是各类机体复杂网络中衍生出来的变异形态。因为随意排污、违规开采等以牺牲环境、破坏生态带来的"经济效益",对那些释放高污染物,不直接承担生态灾难的企业、地区和国家而言是"生机",对被迫直接承担污染结果,遭受严重生态破坏的群众、地区和国家而言就是"危机",两者的联系和转化都需要在一个复杂的有机联系网络中进行。下面将从机体哲学四种不同类型机体的角度,找出由"生机"演化成"危机"的症结所在。

从人的"生命机体"角度看,人的生理防御机制往往重视直观体验,对能够浅层次的、直观感受到的危险重视程度高,而对深层次、具有潜伏性的危险则重视不足。从生态环境被破坏到出现生态灾难,大多具有一个较长的潜伏期,但灾难影响范围却很大,甚至有时是全球性的,这是一种无形中逐渐逼近的"危机"。面对这种潜伏期长而范围广的危机,很多人即使意识到可能有问题,也不会马上产生强烈的危机反应。一些不良企业正是利用了这一点,对资源采取"竭泽而渔"的掠夺手段,大肆破坏环境后迅速转移,而灾难呈现则是在其转移之后。

从"人工机体"角度看，自工业革命以来，科学技术的发展在很多方面具有强烈的工具理性倾向，它的直接目的是控制自然和改造自然。有些科学家发现地球不仅是一个物理系统，而且是一个能够实现自我调节的有机系统，如地球能够凭借生活在它圈层内的各种微生物、植物等实现温度的调节，因此一些科学家借用古希腊神话女神"盖亚"（Gaia）命名这一系统（关于盖亚系统，本书将在第六章第三节进行具体介绍）。但人类的技术活动却使得这一系统的稳定性减弱，在满足人类需求的同时也威胁了盖亚系统的健康。例如，冰箱中的制冷剂"氟利昂"能够满足人们对食品保鲜的需求，但是不慎泄露的氟利昂破坏了两极地区的臭氧空洞，制造了人为的灾难；又如，工业革命以来工业技术突飞猛进，但过度排放的废气造成了全球的"温室效应"，使得两极的冰川融化进而威胁沿海城市。技术体系之所以被称为"人工机体"，是因为技术体系的各个环节都存在密切的有机联系，如开采、运输、生产、加工和废物处理等技术手段相互影响，相互制约。在实际生活中，一项新技术从发明到设计、开发、投入运营有多个环节，一些部门往往只重视开发和使用环节，评估时也只重视利大于弊还是弊大于利，不会因为稍有弊端而放弃使用。生态环保、工商管理等部门只能等出现问题后，要求企业整改恢复，缺乏对技术源头和企业观念的干预。

从"社会机体"角度看，生态环保问题可以理解为破坏和保护生态两个不同立场的"社会机体"之间力量博弈的问题。破坏生态的资源开采者、产品生产者以及违规排污者等会构成一种特定的"社会机体"，某些不良企业可能会同个别媒体甚至行政管理人员联合起来构成更紧密的"社会机体"，这种蕴含"危机"的行动者网络是值得警惕的。这种"社会机体"内部联系紧密，会采取各种方式转嫁生态灾难、逃避社会监督。与此相比，当地直接承受生态灾难的群众以及更大范围内间接受影响的其他地区群众，却很难构成一种"社会机体"，分散的个体群众很难有效维护自身权益。当群众求助生态监管系统（环保部门、法院等）时，如果出现疏漏、处罚不力、追责不到位等情况，就难以消除生态环境问题带来的危机。

从"精神机体"角度看，人们对生态保护的认识作为一个观念系统，包含知识、情感、伦理道德、法律意识等要素，构成了一个各要素密切联系的"精神机体"，但其认识水平和心理态度有很大差异性。一些企业负责人或许不完全了解生态破坏后会给周边带来什么影响，也不知道应该采取哪些排污减排、安全生产的措施；还有一些企业负责人甚至明知道会带来巨大的生态破坏，仍会为了自身的经济利益以个人能力和责任有限等借口来缓解良心谴责，为自己开脱；世界上一些国家甚至为了本国或当地的发展无视这种责任，编造其他的"事实"来转移公众的视线，我行我素。以上种种不良的认识遮蔽了生态安全问题的重要性，从根本上使得解决生态危机变得十分困难。

总之，在现实生活中，与生态保护相关的"生命机体""人工机体""社会机体""精神机体"是耦合在一起的，有机联系的网络盘根错节，相互制约，中间存在着"生机"演化成"危机"并加以发展和蔓延的各种通道。要化解生态安全问题，将"危机"重新转换成"生机"，必须遵循一条新的思路，即从转变群众、企业负责人对待生态问题的心态入手，识别生态危机滋生的隐性有机联系网络，清除危机蔓延的隐性通道，逐步恢复与生态危机问题相关的各类机体之间的和谐。

首先，要在"精神机体"层面筑牢防范生态破坏的堤坝，转变人们面对生态破坏事不关己、熟视无睹的心态。政府机关和科学工作者应该联合起来大力开展科普宣传工作，利用多元信息平台向社会大众披露环境污染问题的元凶和真相，强调提高警惕，防微杜渐。伦理学工作者要宣传公德意识的重要性，讲清楚短期利益和长期利益、个人利益和公共利益的关系。"竭泽而渔"的人终将"无鱼可渔"，肆意破坏生态环境来牟利终究会自食其果，甚至酿成全球生态危机。

其次，营造与生态安全问题相关的"生命机体""人工机体""社会机体""精神机体"的和谐氛围。生态环境问题不能"头痛医头脚痛医脚"，因为消除"生命机体""人工机体""社会机体""精神机体"之间的矛盾并不是单靠对某个环节进行短时间的"集中整治"就可以解决根本问题。必须找到生态网络中隐藏的内在联系机制，才能找出根本症结。因而有必要针对开发、生产、销售、加工、排污、净化等环节建立评估和预警机制，及早干预，对可能出现的危机及时调整，对配套出台的各种机制进行评估预测。

最后，从制度化角度，不断发现和消除与生态安全问题相关的资源开采者、产品生产者以及违规排污者诸多环节之间的隐藏通道，遏制破坏生态带来的巨大商机繁衍。对破坏生态问题的查处和反查处是一项长期而艰巨的工程，其实质是两种"社会机体"之间的较量。应该从源头开始便加强这些开采、生产、排放等各环节的信息透明度，让非法"商机"的运行路径暴露出来。在此基础上，通过建立严格的追责与惩罚制度、企业和个体经营者的信誉制度以及对监督和举报生态破坏的奖励制度，可以使这种商机最终不仅无利可图，而且要付出沉重代价。

在了解"危机"产生和扩散渠道，坚持综合治理方面，拉图尔有关行动者网络演化的理论分析已经奠定了重要的思想基础，但该理论还没有从"生机"和"危机"相互转化的角度看待行动者网络的作用，因而还没有相应的途径和方法揭示"危机"产生和扩散的渠道，提出综合治理的对策。这也进一步反映出从机体哲学视角解读行动者网络理论的必要性。

本章小结

拉图尔认为"行动者网络"演化的内在动力机制就是"转译"和"纯化"，这两种机制还构成了现代性宪法，但现代性却刻意忽视了"转译"而片面强调"纯化"，这造成了现代性认为的现代世界和非现代的区别。可是"转译说"不仅忽视了人对"非人"行动者在意向和责任上的转移，而且容易遭受"万物有灵论"的批评。在机体哲学看来，"行动者网络"演化的内在动力是人类将功能、意向和责任不断转移到"非人"行动者之中，使之具有在层次上不断提升的"生机"，由此带来各种"非人"行动者的行动能力的不断增强。在行动者属性的相互转移上，机体哲学认为"非人"行动者的"生机"演化有积蓄和展开两个阶段。在积蓄阶段，人将自身的机体特性开始赋予"非人"的机体，主要体现为功能的转移；在"生机"展开阶段，人不仅将功能赋予"非人"行动者，也将意向、责任等都赋予了"非人"行动者。

第六章 从机体哲学视角解读行动者网络理论的实际意义

从机体哲学角度解读行动者网络理论，具有重大的实际意义。第一，能够帮助我们更好地识别"行动者网络"。从机体哲学角度看，识别"行动者网络"需要考虑行动者网络的内部关系与"生机"。第二，根据机体自身的特点来对网络进行管理等措施，能够更好地提高行动者网络的生机与活力。第三，能够更好地促进人与"盖亚"和谐相处。"人与自然生命共同体"理念作为生态治理的中国方案，能够为解决"物的议会"中存在的问题提供新的思路。

第一节 对识别和评价"行动者网络"的意义

拉图尔认为要识别行动者网络，必须依靠参与性观察的方法，用"次语言"去描述行动者及其网络的运行。在机体哲学看来，拉图尔的方法论对识别"行动者网络"的内部关系具有积极意义，但缺乏对行动者网络中"生机"的识别方法，所以必须考虑如何识别行动者网络中的"生机"。

一、拉图尔识别"行动者网络"的方法论及其评价

（一）参与性观察

在拉图尔的"行动者网络"中，没有社会与自然的对立，也没有行动者之间的对立，有的只是他（它）们之间的联系。因此要识别这种网络，必须跟随行动者。所谓跟随行动者，是指人类学强调的参与性观察的办法。例如，当研究者去考察实验室的知识建构过程的时候，就要像走入原始部落一样，

同科学家们一起工作和生活，详细地观察和记录他们的言行。但参与性的观察也要找好时机，拉图尔强调的是要重点考察"正在形成"的网络，而非"已经形成"的网络，"我们研究的是行动中的科学，而不是已经形成的科学或技术"①。之所以强调这一点，是因为"已经形成"的网络往往是作为拉图尔所说的"黑箱"存在，难以观察到它的建构过程，而且人们往往把它当作"自然"或"社会"其中一极的存在；与之不同的是，观察"正在形成"的网络，则能够清晰地看到行动者互动的整个过程，就能够更为准确地描述整个黑箱的建构过程。但是，拉图尔的意思并不是说不能观察已经形成的网络，而是强调必须学会"打开已经形成的网络"，学会还原黑箱的整个建构过程。在《科学在行动》一书中，拉图尔就运用了这套识别网络的方法质疑了"黑箱"。② 拉图尔认为质疑如同"黑箱"一样的科学理论是非常困难的，因为"黑箱"并非简单的知识形成的网络，它是由各种行动者加入的网络，质疑"黑箱"实际上是质疑一个庞大的行动者构成的联盟。首先，质疑"黑箱"的人遇到的是文本，它在外行人看来是非常复杂的，因为它引用了很多其他文献——从简单的语句到更复杂的图标、记录等，这会使得一般的外行人望而生畏。其次，即使质疑者对文本也有一定基础，他还要面对解释这些数据的科学家。最后，即使质疑者能够直接驳倒科学家，科学家也可以借助实验室作为最后一道防线，因为在实验室中，质疑的人将要面对一堆复杂的科学仪器以及仪器产生出来的数据和新客体，这大大加深了质疑的难度。综合以上几点，拉图尔得出的结论是：之所以质疑文本如此困难，并不仅仅是科学素养的问题，还在于编写的论文中运用了修辞的方法，在科学事实建构的过程中形成了一个庞大的联盟，这完全不同于普通人的认识。从机体哲学的角度来看，这套方法强调的是识别"行动者网络"必须考虑"黑箱"中各类"机体"的动态关系，将实验室中的各种人和"非人"行动者的动态关系呈现出来，因为人们比较关注各种人之间的显性关系，往往忽视人与"非人"

---

① 拉图尔. 科学在行动：怎样在社会中跟随科学家和工程师[M]. 刘文旋，郑开，译. 北京：东方出版社，2005：418.
② 拉图尔. 科学在行动：怎样在社会中跟随科学家和工程师[M]. 刘文旋，郑开，译. 北京：东方出版社，2005：105-132.

行动者之间的隐性关系。只有将"不在场"变得"出场",才能完成识别"行动者网络"的任务。

(二)"次语言"而非"元语言"

为了叙述这种网络的形成和行动者相互之间的关系,拉图尔强调必须运用"次语言"(infra-language)而非"元语言"(meta-language)。① 所谓"元语言"是指社会学家采用的以表述、研究对象语言的那种语言。"次语言"是指行动者自己的语言,这与参与性观察密切相关,因为作为参与性的研究人员本身必须持一种"陌生人立场",即必须搁置对研究对象的"既有的熟悉"并保持一定的分析距离。② 刘鹏认为拉图尔这种"陌生人立场"其实质是"搁置认识论",③ 这里所谓"搁置认识论"就是"不采纳二元论的认识论",而是用"陌生人立场"去观察建构的过程,并用人类学擅长的描述语言去阐述这种建构。但采纳了"次语言"该重点描述什么呢?拉图尔在《重组社会》一书中提出描述的重点在于"联结"或者"联系"(association)。④ 拉图尔指出的"联结"或者"联系"实际上就是网络中行动者之间的关系,只有运用"次语言"将行动者之间的关系变化呈现出来才能更好地认识这个网络。以社会学研究为例,如果采纳还原论的视角,则只能描述宏观上的"社会"与人的互动,仿佛"社会"成了一种能解释一切的"万灵丹",但学者都忽视了"社会"本身也是需要被解释的,它实际上也是网络创造出来的。拉图尔认为社会学家的任务并不是去用"社会"解释一切,而是跟踪行动者本身如何创造和规范其自身创造的网络,这些网络往往以相互冲突为特征,并且在这些世界中,行动者总是与其他时空的行动者形成具体的关系。

---

① LATOUR B. Reassembling the Social: An Introduction to Actor-Network-Theory [M]. London: Oxford University Press, 2005: 49.
② LATOUR B. Reassembling the Social: An Introduction to Actor-Network-Theory [M]. London: Oxford University Press, 2005: 29.
③ 刘鹏. 生活世界中的科学:拉图尔《实验室研究》的方法论与哲学立场 [J]. 淮阴师范学院学报(哲学社会科学版), 2014, 36 (1): 30-38, 44, 139.
④ LATOUR B. Reassembling the Social: An Introduction to Actor-Network-Theory [M]. London: Oxford University Press, 2005.

（三）对拉图尔识别"行动者网络"的方法论的评价

综上所述，拉图尔在识别"行动者网络"上主要强调两点：一是摒弃完全依靠逻辑的还原方法，必须关注网络中关系的变化。之所以要关注网络中关系的变化，在第四章第二节中本书已经讨论过，这里不再赘述。二是必须重点描述行动者之间的互动过程，而非描述互动的结果。这种方法的重点致力于打开"黑箱"，而非在"黑箱"形成后对其进行描述。但这种方法论也遭到了一些 SSK 学者的批评，例如，柯林斯就认为"陌生人立场"远不如"内行人的立场"，林奇则认为这种方法实际上是一种社会学的探讨方式。[①] 如何评价这套方法的"陌生人"立场？从机体哲学的角度来看，无论是"内行人"还是"陌生人"的立场都各有侧重，实际上很难分出优劣。因为"陌生人立场"的研究方法将"科学"带进了人类学研究的领域，而在此之前，"科学"则被一些基于传统的西方中心论的人类学家认为是"绝对真理"的禁忌领域。与之相对的是，"内行人的立场"则能够从科学家的角度看到外行人所不能理解的科学理论和科学仪器操作过程。但是，在机体哲学看来，拉图尔的人类学方法也有其缺陷。

正如本书在第五章论述的那样，拉图尔认为行动者演化机制是"纯化"与"转译"的统一。拉图尔之所以能够指出现代人思想观念的问题，一个重要的原因就在于他采用了重视实际调查和具体描述的人类学方法。从认识论的角度来看，"纯化"靠逻辑分析便可以认识到这一机制起的作用——造就新的行动者，带来行动者网络的新结构、新功能。"转译"是对"纯化"的补充，但仅仅依靠逻辑分析是不能够识别"转译"的。拉图尔运用人类学的方法，对识别"转译"机制是有很大帮助的，因为他的人类学方法中也贯穿了辩证分析和多学科交叉的方法，这使得他通过对具体的实验室案例考察得出了丰硕的成果。但是，尽管拉图尔的认识方法强调认识"纯化"与"转译"是统一的，却无法协调和完善"纯化"与"转译"的关系。比如，拉图尔在《我们从未现代过》一书中多次强调科技与政治实际上有着有机联系，它们并

---

① 刘鹏. 生活世界中的科学：拉图尔《实验室研究》的方法论与哲学立场 [J]. 淮阴师范学院学报（哲学社会科学版），2014，36（1）：30-38，44，139.

<<< 第六章 从机体哲学视角解读行动者网络理论的实际意义

非截然对立,他还研究了阿基米德和当时国王交往的例子。在案例中,阿基米德通过复合滑轮装置向当时的国王展示并提供了机械装置的巨大力量,这样技术和政治紧密地结合在了一起。"阿基米德通过将政治表征关系转变为机械之间的比例关系,从而为利维坦实现了一种不同的组织原则。"[1] 从拉图尔对这个案例的分析中,科技和政治纠缠在一起的状况被揭示了出来,但这种分析对于如何协调完善"纯化"与"转译"的关系缺乏进一步探讨。在机体哲学看来,要协调和完善这两种关系的前提在于厘清网络中各种隐性的、整体的和未知的网络结构,而机体哲学提倡的网络分析则可以为解决这个前提条件提供启发性的思路。

机体的网络分析主要针对机体内部和外部各种有机联系形成的网络结构。这种分析的起点一般是已知的、显性的、局部的网络结构,进一步的分析要揭示与之相关的隐性的、整体的、未知的网络结构,使之从"遮蔽"状态中呈现出来。[2] 机体内部和外部有机联系的网络结构有些是可以明确识别和验证的,如生命体中各器官、组织之间的生理联系,"人工机体"中机构、部门、岗位之间的职能联系,"精神机体"中各种词语、观点、学说之间的思想联系。这些有机联系一般可以用明晰的网络结构图示来表达。然而,另有一些机体内部和外部有机联系的网络结构目前还很难明确识别和充分验证,比如,中医的经络学说是通过直观体验确定的,从西医解剖学角度尚未完全找到准确的对应物。尽管经络和穴位有明晰的图示,但还没有达到通过精确实验得到充分验证的程度。

机体的网络分析注重机体的整体结构,同时注意对其中部分和要素在机体中位置和相互关系的具体分析。在网络分析中,机体哲学采用直觉判断的方法,将各种有机联系中的"机缘"联结起来,比较其发展空间,预见其发展趋势。一般说来,"生机"链条比较长、正反馈效应明显的有机联系更有竞争优势,容易在网络结构演化中占据主导地位。(网络分析在这一环节上,与

---

[1] LATOUR B. We Have Never Been Modern [M]. Boston: Harvard University Press, 1993: 126.
[2] 王前. 生机的意蕴:中国文化背景的机体哲学 [M]. 北京: 人民出版社, 2017: 213.

后面提到的机体哲学的趋势分析对接。① 有关趋势分析的具体讨论参见本节第三目。）在哲学史上，"直觉"（intuition）源于拉丁文 intuitio，意为凝视。② 与"实体—属性"为特征的逻辑分析框架不同，直觉一般不会关注事物那些可以静态分析、拆解处理的性质，而是从整体上关注事物内部和外部的各种存在有机联系的关系网络，这种关系网络决定了直觉的宏观视野，这对于有效识别行动者网络的性质、结构和功能是非常必要的。比如，就"人工机体"而言，对于单个的工具和孤立的机器设备，似乎没有必要进行机体的网络分析，但从整个"人工机体"的大系统以及对社会文化的影响来看，网络分析可以导致对很多隐蔽的但很深刻的有机联系的揭示。例如，中国古代的"四大发明"作为"人工机体"单独看并没有什么特殊之处，从网络分析来看就能发现四大发明深深影响了社会和观念的进步，即"人工机体"在网络中能够影响"社会机体"和"精神机体"。马克思在《机器、自然力和科学的应用》曾经这样评价中国古代的"四大发明"："火药、指南针、印刷术——这是预告资产阶级社会到来的三大发明。火药把骑士阶层炸得粉碎，指南针打开了世界市场并建立了殖民地，而印刷术则变成了新教的工具，总的来说变成了科学复兴的手段，变成对精神发展创造必要前提的最强大的杠杆。"③

拉图尔的人类学方法重视隐喻在网络分析和描述中的作用，在他的作品中有许多隐喻的修辞方法，这反映出他希望通过这种修辞方法使读者更好地了解行动者网络及其演化的特点，如他早期将关于网络建构"力量的考验"比喻为一种"战争"；在关于"转译"的思考中，将转译链条比喻为"蛇"，意思为蛇越长力量越大，转译链条同样如此。拉图尔采用的这种隐喻的修辞方法还不能完全等同于直觉。从机体哲学角度看，隐喻是直觉思维过程中的基础性环节，为直觉思维成果的最终形成提供思路和素材。我国传统文化中的"取象比类"在功能上与隐喻类似，就是恰当选择与认知对象（比喻的

---

① 王前. 生机的意蕴：中国文化背景的机体哲学 [M]. 北京：人民出版社，2017：216.
② 王前, 刘欣. 基于关系网络的直觉思维探析 [J]. 自然辩证法研究，2019, 35（4）：122-127.
③ 马克思. 机器、自然力和科学的应用 [M]. 自然科学史研究所，译. 北京：人民出版社，1978：90.

"本体") 表面上看起来相距甚远, 但又具有某种相同"关系结构"的比喻对象 (比喻的"喻体"), 例如"上善若水""春脉如弦"等, 从形态功能上寻找本体和喻体的"同构关系", 可以发现更为丰富的思想素材来形象生动地说明对象事物的本质特征。[1] 基于"生机"的机体哲学认识论对直觉思维机制, 包括隐喻和"取象比类"在直觉思维中的作用有过深入分析, 这有助于进一步补充和发展识别行动者网络的理论和方法。

二、拉图尔评价"行动者网络"的标准

拉图尔认为行动者网络是人与"非人"行动者建构起来的, 那么被建构起来的网络是"真的"还是"假的", 是好的还是坏的? 拉图尔认为网络没有"真"和"假"的区分, 但是有"好"与"坏"的甄别。什么是"好"的网络, 什么是"坏"的网络呢? 拉图尔认为, 判断网络好坏的标准有两个: 一是效益的标准, 即网络中不同类型的行动者存在的数量以及它们之间联系紧密的程度; 二是民主的标准, 即网络中行动者 (特别是"非人"行动者) 是否有足够的代表性, 并且行动者之间是否存在良好的协商机制。这些评价标准各有其优势和不足, 值得深入探讨。

(一) 只有"建构"的网络

首先, 要了解拉图尔评价网络的标准, 必须重新追溯他早期对微观实验室的人类学考察工作。什么是科学事实? 传统认识论会认为, 科学事实是与客观世界相对应的描述。例如, "水由两个氢原子和一个氧原子组成"这是一个事实, 因为这种语言表述准确地反映了客观物质世界的本质。拉图尔认为要了解科学和技术的性质以及对世界产生的巨大影响, 有必要采用人类学的方法——哲学家需要跟随实验室科学家和工程师进入他们的工作场所, 看看他们如何在实际操作中构建网络。这种方法在他的早期著作《实验室生活》《科学在行动》《法国的巴斯德化》中得到充分体现。基于这种分析方法, 他认为科学事实是建构出来的网络。科学事实只存在于特定的网络中, 并通过

---

[1] 赵乐静, 浦根祥."给我一个实验室, 我能举起世界": 拉图尔《实验室生活》及《行动中的科学》简介 [J]. 自然辩证法通讯, 1993 (5): 161.

特定的网络存在——而这些网络正是我们通常所说的"科学"。

其次,科学事实的传播也是一种建构的过程。如果一个科学事实是一种建构的秩序,如果建构的过程发生在实验室内部和实验室之间,那么科学事实是如何在世界范围内广泛传播的?一些社会学家认可"扩散理论"(diffusion theory),扩散理论将技术发展描述为一系列杰出个人创造的杰出发明的结果,然后传播到社会的其他部分,只是有些延迟。拉图尔则完全不同意这种见解,他将科学事实传播问题描述为事实构建者之间的一场战斗,一些科学事实建构者试图将某种特定的秩序散布到持怀疑态度的人和持不同见解的人中,而持怀疑态度的人和持不同见解的人拒绝服从另一方的命令。但在这过程中,科学事实的建构者面临着两难的处境:一方面必须激励他人伸出援助之手,使自己的想法成为现实,另一方面他们也必须防止他人将自己的想法转变得面目全非。[①] 拉图尔认为,解决这一困境的关键在于"转译"的策略。它说明了每个行动者做了什么、去了哪里、建立哪些据点等,都必须透过对手的立场,帮助他巩固其自身的利益。这个层次上的"转译"被拉图尔称为"英雄的历史"。[②] 在扩散模型中,发明家也将他自己绝妙的想法通过自己的力量传播到世界上。拉图尔认为发明家虽然有了最初的想法,但他并不是一个人在工作,许多其他行动者都贡献出了自己的力量。

最后,拉图尔认为科学与技术的结合越来越紧密,并且技术与社会紧密相连,出现了"技科学"或者说科学—技术—社会已经形成巨系统。技科学形成的全球网络,其权力大多集中于"计算中心"(center of calculation),在科学中它一般是核心实验室,它控制着各种设备,如报刊、地图、统计公式和其他各种科学铭文装置,这里可以用巴斯德的案例进行说明。[③] 巴斯德开发的疫苗已被证明对公众健康具有重要意义,他还发明了用于生产的杀死致病菌的方法(即巴氏杀菌法)。巴斯德在树立他的权威的过程中,最重要的事情

---

① 拉图尔. 科学在行动:怎样在社会中跟随科学家和工程师 [M]. 刘文旋,郑开,译. 北京:东方出版社,2005:108.
② 拉图尔. 巴斯德的实验室:细菌的战争与和平 [M]. 伍启鸿,陈荣泰,译. 台北:群学出版有限公司,2016:42.
③ 拉图尔. 巴斯德的实验室:细菌的战争与和平 [M]. 伍启鸿,陈荣泰,译. 台北:群学出版有限公司,2016:111-126.

<<< 第六章　从机体哲学视角解读行动者网络理论的实际意义

是向公众展示他的疫苗，这件事情发生在法国普伊勒堡镇。巴斯德在普伊勒堡的一个农场给其中一些羊喂食被炭疽孢子菌污染的饲料，而另一些羊被提供了疫苗。几天后，接种疫苗的羊健康地四处奔跑，而未接种疫苗的羊则躺在地上死去。拉图尔认为，这并不是在实验室中发现的自然基本定律现在在该农场得到证实，而是巴斯德将该农场也变成了另外一个实验室，所有疫苗才产生了和核心实验室（即计算中心）相同的结果。因此，普伊勒堡的"奇迹"结果是"后勤组织"（logistics）的结果而非"逻辑"（logic）的结果。①

总的来说，在拉图尔看来，科学和技术的秘密不在于某种更高形式的理性。相反，秘密在于科学家在工作中所付出的艰苦和创造性的努力，他们不断地将无数种不同的材料联系起来：机器、文本、人、动物、语言陈述等。而这种网络并不存在"真"与"假"区别，它们都是建构的结果。至此，人们不得不思考一个重要的问题：如果"科学事实"是网络建构的，不存在"真"与"假"，那么如何解释有一些网络被人接受而有一些网络却没有？在拉图尔看来，这是因为网络存在"好"与"坏"。那么，该如何判断网络的"好"与"坏"呢？拉图尔先后提出了"效益"标准和"民主"标准来甄别网络的"好"与"坏"。从这两个标准提出的时间上来看，"效益"的标准是拉图尔在其早期针对微观实验室中的研究提出来的，②而"民主"标准则是拉图尔在近期研究"盖亚"范式时提出来的。③ 本书接下来具体讨论这两个标准。

（二）"行动者网络"评价标准的效益标准

怀特海曾提出了他对"命题"的见解。怀特海认为必须在经验中去理解命题，仅仅借助于语言是不能充分理解命题的，因为"每一个事件都是以某种类型的系统环境为其先决条件的"。④ 如"华盛顿"一词在不同的句子中就

---

① HARMAN G. Prince of Networks: Bruno Latour and Metaphysics [M]. Melbourne: Re. Press, 2009: 42.
② HARMAN G. Prince of Networks: Bruno Latour and Metaphysics [M]. Melbourne: Re. Press, 2009: 19.
③ LATOUR B. Politics of Nature: How to Bring the Sciences into Democracy [M]. Boston: Harvard University Press, 2004.
④ 怀特海. 过程与实在 [M]. 杨富斌, 译. 北京: 中国城市出版社, 2003: 20.

可能有着不同的意义，它可以指美国开国之父、美国首都或者一个和美国开国之父重名的人。在怀特海看来，命题还是一个开放的"混合"实体，因为命题在永恒客体和现实实有之间形成一个存在的中介阶段。法国哲学家伊莎贝尔·斯唐热（Isabelle Stengers）吸收了怀特海有关"命题"的思想，她指出任何描述科学活动的科学命题如果没有引起"兴趣"，在任何相关意义上都不能被称为"正确"，必然是一个坏的命题，反之则称之为好命题。[①] 引起某人的兴趣并不一定意味着满足某人对权力、金钱或名誉的欲望，它也不意味着进入既存的利益。"使某人对某事感兴趣，首先意味着以这样一种方式行事，这种方式——科学家的仪器、论证或假设——可以关注这个人，干预他或她的生活，并最终改变它。"[②] 总的来说，斯唐热认为科学命题并不存在"真假"，只有"好坏"。

拉图尔赞同斯唐热关于科学命题没有"真假"只有"好坏"的观点，但拉图尔对网络"好坏"的考虑因素不仅包括人类也包括"非人"行动者。据此，拉图尔认为这种好坏区别的产生是由于网络之间的"效益"不一样。网络之间通过竞争，最后胜利者的一方是由于其网络的"效益"比对手更强，具体来说就是该网络加入的行动者数量大于对手，且行动者之间的联系更紧密。例如，巴斯德曾和李比希就发酵的原因进行过学术争论，最终巴斯德取得了胜利。但在拉图尔看来，这并非因为巴斯德的回答是"正确的"而李比希的回答是"错误的"，真正的原因在于巴斯德建构的网络中盟友异常强大，不仅包括强政治家、商人，还包括玻璃、金属设备甚至细菌。[③] 在科学争论中的失败者是"效益"相对弱小的一方——它们没有召集足够多的行动者作为盟友来建构强大的网络来打败竞争对手。至此，网络的"效益"成为拉图尔判断网络好坏的一个重要标准。

[①] 孟强. 斯唐热的科学划界观[J]. 哲学分析，2018，9（1）：146-155，199.
[②] STENGERS I. The Invention of Modern Science [M]. Minneapolis：University of Minnesota Press，2000：162.
[③] LATOUR B. Pandora's Hope：Essays on the Reality of Science Studies [M]. Boston：Harvard University Press，1999：4.

<<< 第六章 从机体哲学视角解读行动者网络理论的实际意义

　　"效益"作为评价网络好坏的标准有其积极的意义：一方面，"效益"的标准揭示出了德勒兹提倡的"相对的真理性"（truth of the relative）。[①]"相对的真理性"是指尽管一切都是相对的，但有些相对却能够凭借特定的途径、方法与策略抵制怀疑或解构，从而确立自己的真理性以区别于其他相对，而科学在拉图尔和斯唐热看来就拥有这样的建构特性。科学是一项建构性的事业，是一个多样化的、相互依赖的、高度偶然性的系统，它不仅是发现既存的真理，而且是通过具体的实践和过程来帮助塑造它们。另一方面，"效益"的标准也说明了科学事业的进步不仅是一个理论进步的问题，更是一个自然与社会杂合的过程，"实验室的范围越广，人类和'非人'行动者被征募到集体内的数量就越多，集体也就越进步"。这种进步当然有方向，科学研究不能求同，反而必须求异，因为异质性要素的增加意味着机会和新的可能性。[②]

　　但这种"效益"的判断标准也有其不足。"效益"的标准在于行动者之间外在的联系是多还是少，加入这个网络中的行动者是多还是少——这是一种"马基雅维利主义"或者"管理主义"判断倾向。这种倾向遭到了部分女权主义者的批评，认为行动者网络理论倾向于从强大的管理者、企业家或事实构建者的角度看问题。[③] 例如，美国社会学家苏珊·李·斯达（Susan Leigh Star）利用自己与麦当劳快餐连锁店的亲身经历，阐述了这种倾向。众所周知，麦当劳能够高速生产完全标准化的汉堡包，但斯达对洋葱过敏，如果她决定点一个没有洋葱的汉堡包，她必须等半个小时才能做好。为了节约时间，她只能点一个标准的汉堡包，自己用塑料叉子刮掉洋葱。这个小故事意在说明，从一个角度（即从网络的建构者麦当劳快餐店）看来是一个有效且稳定的网络，但从另一个角度（即进入网络的顾客）来看，却可能成为巨大痛苦的来源。也就是说，有效的标准可能需要用大量隐藏的工作甚至有时是隐藏的痛苦来承担，而这些工作是相对不可见的、边缘化的行动者所遭受的。

---

① 孟强. 斯唐热的科学划界观 [J]. 哲学分析, 2018, 9 (1): 146-155, 199.
② 刘鹏, 蔡仲. 法国科学哲学中的进步性问题 [J]. 哲学研究, 2017 (7): 116-122.
③ STAR S L. Power, Technology and the Phenomenology of Conventions: On Being Allergic to Onions [J]. The Sociological Review, 1990, 38 (1): 26-56.

拉图尔从两个不同的方向回应了这些批评。首先，拉图尔认为对事实构建者的强烈关注是当时他必须做的一项工作。在20世纪70年代，对于科学实践工作中的争议和纠纷，还很少有社会学的分析。因此，为了将STS作为一个研究领域，关注稳定技术—科学"黑箱"的斗争是必要和有用的。其次，拉图尔在实践中似乎部分地接受了批评，因为他已经逐渐将自己喜欢的政治隐喻，从马基雅维利式的战争转变为"实验民主"（experimental democracy）或"集体实验"（collective experiment），提出了"民主"作为判断网络优劣的评价标准。①

在机体哲学看来，"效益"标准最大的缺陷是缺乏对"发展态势"的考察，具体说来是缺乏对"生机"的"可持续性"依据的考察。所谓"可持续性"依据，是指行动者或者机体出现的某种趋势是由社会发展的某些长久和稳定因素所引起的，这种趋势就有着较大的生机和活力，能够持续发展。如果事出偶然或短期需要，尽管可能有一个时期的迅速发展，但很快会出现逆转。②

例如，我国历史上的围湖造田现象出现时间较早，并且这一现象在南方比较普遍，其中以湖广地区最为典型。湖广地区的围湖造田是在明清以后逐渐兴盛起来，其原因是清朝初期随着战乱结束，人口逐渐增多，而为了增加耕地面积不得不围湖造田，"与水争地"。新中国成立后，随着人口的继续增多，为了养活众多人口，湖广地区的群众依然还是保持着这一习惯，继续围湖造田。有资料显示，清朝初期我国人口不到1亿，到1991年仅长江流域人口就接近4亿，占全国人口的1/3，但长江流域的总面积却不到全国面积的20%。③ 按照拉图尔的标准，很长一段时间内构建"围湖造田"网络的行动者是不断增加的（从事围湖造田的群众不断增多，当时的政府也支持，与围湖造田技术相关的人工物不断出现等），众多行动者之间的联系会不断增强（如围湖造田技术不断更新，效率越来越高），并且新的行动者网络的产出也是可

---

① BLOK A, JENSEN T E. Bruno Latour：Hybrid Thoughts in a Hybrid World [M]. New York：Routledge，2011：49.
② 王前. 生机的意蕴：中国文化背景的机体哲学 [M]. 北京：人民出版社，2017：97.
③ 张建民. 对围湖造田的历史考察 [J]. 农业考古，1987（1）：187-197，316.

观的（新增耕地养活了众多新生人口），这完全符合拉图尔认为的"好"的网络标准。但是从长远来看，这种行动者网络的发展是不可持续的，因为围湖造田会带来众多恶果：一是容易诱发洪灾，如洞庭湖周围由于长期围湖造田造成水土流失，面积缩小。大量泥沙淤塞湖底，使得洞庭湖湖底平均壅高1.23米，而1998年的大洪水就与此相关。① 二是导致水产养殖业萎缩，生态系统调控能力减弱，大量的围湖造田直接导致渔业潜能的下降。三是由于湖面减少，湖区生态系统失去平衡，农作物反而难以增产。② 以上恶果使得整个行动者网络的"生机"难以持续。尤其是在1998年洪灾发生后，我国政府开始从政策上执行"退耕还湖"，得到湖区众多群众的支持。在党的十八大之后，生态文明建设得到特别重视，保护湖区生态的措施进一步得到加强，围湖造田永久性地成了历史。所以，要衡量网络的"好坏"，必须考虑网络是否存在"可持续性"趋势，只在短期内、局部性地评价网络的"生机"是存在缺陷的。

（三）"行动者网络"评价标准的民主标准

拉图尔早期从事实验室研究后，又将研究重点先后转移到"非现代性""自然政治""盖亚"等重要理论上，拉图尔在这些理论的研究中陆续提出并完善了他判断行动者网络优劣的"民主"标准。拉图尔认为在人与自然的关系中，要解决"物"或者说"非人"行动者在现代性中长期的缺席问题，必须贯彻好"民主"的标准，体现"非人"行动者的代表性，并初步提出了"物的议会"的主张。随后，拉图尔将有关自然的政治比作一个集体实验，更强调开放性和民主性。例如，整个20世纪90年代，拉图尔都在研究他所谓的法国"水议会"：生物学家、工程师、农民、垂钓者和当地居民聚在一起讨论如何确保河流、水道和当地生态系统的可持续性，他们共同组成了一个地方政治论坛。③拉图尔还将"物的议会"进一步具体化。关于"物的议会"最

---

① 杨庭硕. 生态治理的文化思考：以洞庭湖治理为例 [J]. 怀化学院学报，2007（1）：1-8.
② 张本. 鄱阳湖区的生态经济 [J]. 江西社会科学，1983（1）：30-32.
③ LATOUR B. To Modernise or Ecologise That Is the Question [J]. Technoscience：The Politics of Interventions，2007：249-272.

拉图尔行动者网络理论的机体哲学解读 >>>

简单的理解就是建立一个能够代表"非人"行动者发声的磋商机构，这样就能够与人进行协商而不是让"非人"行动者处于被动的"被处置"的地位，其根本目标是改变过去事实和价值、科学和社会等彼此隔离的现象。（关于"物的议会"更详细内容，将在第六章第三节第三目阐述。）总的来说，拉图尔对网络的考察从早期侧重于"力量"的强弱转变到了强调网络中的"民主"或者"民主协商"。"民主"原则具体表现在两方面：一是"非人"行动者的代表性是否得到满足，表现形式为是否有人类代表"非人"行动者说话，这样就可以组成"物的议会"；二是人与"非人"行动者是否有通畅的"磋商渠道"。

从机体哲学角度看，"民主"标准虽然部分涉及利益分配的问题，但依然缺乏对"生机"的全盘考察。从理论上来讲，按照拉图尔的"民主"评价标准，一个行动者网络中的代表越能够发声，网络就越具有生机和活力，因为人与"非人"行动者将通过沟通协商达成一致。但是在现实中，协商未必能达成一致，也可能导致不可调和的矛盾。例如，某些发展中国家的政治生活中不乏西方媒体宣传的民主形式，但这些国家依然陷入政局动荡、瘟疫横行、贫富差距拉大等问题的漩涡，缺乏明显的"生机"。此外，在当今世界的发展格局中，即使号称"最民主国家"的美国也出现了所谓的"否决制"（vetocracy）的问题。"否决制"概念是美国学者弗朗西斯·福山（Francis Fukuyama）提出的，具体表现为：一方面，一些特殊利益群体崛起并可以否决对他们有害的举措，但与此同时，致力于公共利益的集体行动变得极难达成；另一方面，美国民主程序的高度开放性、分散性、无条理性、冗长性，消耗了政府大量的时间和精力。① 之所以会出现上述问题，从理论上来说，是因为"民主"本身也是行动者之间博弈的规则，它的实施是有条件的，甚至需要高消耗的经济基础。印度全盘吸收西方的政治制度，号称"世界上人口最多的民主国家"，代价之一便是每年为了实施选举耗费巨大，甚至在2019年大选中莫迪为了大选消耗70亿，超过了当年特朗普的竞选经费。② 这反映

---

① 孙宇伟. 论福山"美国政治衰败论"的实质［J］. 当代世界与社会主义，2018（1）：179-185.
② 2019年印度大选将成全球最贵选举，已超过美国大选［EB/OL］. 凤凰网，2019-03-12.

出缺乏民主实施的合适环境会带来严重的"内耗",从而带来整体效益的受损,使得网络整体"生机"下降。显然,"民主"的标准并不能全面评价行动者网络的生机和活力。

总的来说,在机体哲学看来,拉图尔提出用"效益标准"和"民主标准"来衡量和提高行动者网络的能力,但这些标准没有突出整体上对行动者网络的生机与活力的考察。具体来说,"效益"的标准虽然在短期内考察网络生机与活力十分有效,但难以甄别网络是否蕴含长期的生机与活力,即缺乏对"可持续性"的考察;"民主"标准虽然引入了协商机制,涉及了"公平"问题,但局限于民主的形式而缺乏对"生机"的深入考察,"物的议会"方案实施的有效性限制了它增强整体网络的生机和活力。那么该如何全面评价"行动者网络"的生机和活力呢?从机体哲学角度,能够对解答这个问题提供启发性的思维。

三、对"行动者网络"的生机与活力标准的评价

从机体哲学角度看,"行动者网络"都有其"生机",整个网络也是一个传递"生机"的网络,这就需要了解"行动者网络"中每个行动者的"生机"状态,行动者之间传递"生机"的状态,以及整个"行动者网络"的"生机"状态。为了弥补拉图尔"效益"标准和"民主"标准的缺陷,从基于"生机"的机体哲学角度看,要正确评价"行动者网络"的生机与活力;一方面,需要考察网络中每个行动者的"生机、活力和稳定性";另一方面,还需要考察网络是否蕴含长期的生机与活力,即对"可持续性"进行考察,需要对行动者网络进行状态分析和趋势分析。[①]

所谓状态分析,针对的是行动者网络中行动者(机体)的生机、活力和稳定性。这种分析需要找出判定行动者(机体)的生机、活力和稳定性的重要标志,预见其发展空间和前景。状态分析要考虑机能要素、时效要素、自

[①] 王前. 生机的意蕴:中国文化背景的机体哲学 [M]. 北京:人民出版社,2017:213.

调节要素和创新要素。① 机能要素指的是机体的"功能"或"效能",即"投入产出比";时效要素指的是机体演化从萌芽出现到后果完全显现之间的时间距离;自调节要素指的是机体演化过程中应对内部和外部各种变化自动进行自我调节的能力;创新要素指的是机体在演化过程中产生新事物的能力。行动者网络中每个行动者的这些要素都不尽相同,然而正是这些差异和由此产生的互动促进了整个"行动者网络"的演化。按照行动者网络理论,如果"行动者网络"中加盟的新的行动者越来越少,那就意味着该网络的扩展已经到达了它的顶点,其"生机"也就趋向衰落了。如闻名一时的日本柯达胶卷公司,虽然在早期垄断了世界胶卷的大部分市场份额,但是它后期在数码技术出现时,却反其道而行之,依然延续旧有的胶卷技术追求短期的利益,缺乏自我调节能力,结果导致其投入产出比越来越低,丧失了"生机",最后整个柯达企业走向了破产。从机体哲学角度看,柯达公司阻止了数码技术这一"新客体"的加入,导致柯达公司的网络扩展已经达到了它的临界值,其"生机"趋于衰落。其他公司虽然刚开始网络较小,但是由于数码技术的加入,使得更多围绕着这一新客体的盟友不断加入,"生机"趋于旺盛。在这些行动者的共同努力下,其网络最终扩展的规模超过了柯达公司。

所谓趋势分析,主要针对行动者网络中行动者(机体)的发展方向和势头,相当于古代法家说的"势"。② 要判断网络中"势"的形成,主要考虑"可持续"趋势和正反馈回路两个因素。第一,这种"生机"是否由"可持续"因素推动。在前述拉图尔所提到的"效益"标准中,最大的问题在于"可持续"趋势的判断,所以要评价网络中的生机与活力,必须考虑这种"可持续"趋势。具体来说,就是要看这种"生机"是否由社会发展的某些长期的、稳定的因素引起,而非短期的、偶然性的因素导致。第二,行动者的反馈回路是否已经建立稳固。本书在第五章第一节第二目中曾经提到"生机"的演化分为积蓄和展开两个阶段,但这并不意味着所有的"非人"行动者都

---

① 王前. 生机的意蕴:中国文化背景的机体哲学[M]. 北京:人民出版社,2017:219-223.

② 王前. 生机的意蕴:中国文化背景的机体哲学[M]. 北京:人民出版社,2017:224.

能够进入"展开阶段",因为这涉及反馈回路是否已经建立稳固的问题。推动事物发展的核心因素尽管拥有巨大的潜力,但要进一步发挥功能还需要外界的进一步挖掘,这样才能真正促进整个网络发生质变,否则也难以成功。苹果公司和诺基亚公司在手机业务上的竞争案例能够充分体现以上两个因素。自手机发明以来,在很长一段时间内,诺基亚这个来自北欧的手机品牌,一度凭借超过40%的全球手机市场份额在全世界独领风骚,成为手机行业的领导者,2003年在它最辉煌时期市值相当于约8700亿元人民币,成为全世界最知名的公司之一。然而在2007年,从来没有参与过手机制造的苹果公司却参与了全球手机业务,推出智能手机同它进行竞争。当时,诺基亚可谓全方位领先于苹果,不仅诺基亚在手机领域品牌早、名气大,而且全公司当时拥有3万项专利,其中传统手机制造的专利高达1万项。[1] 反观苹果公司,它从未涉足过手机界,可谓经验不足,因此刚开始诺基亚并没有重视这个对手。但是苹果公司利用自身超前的设计理念,在智能手机中安装了上网、拍照、视频等功能,用户在使用苹果公司生产的手机中得到了新功能带来的"生机"。虽然一些用户还是抱怨苹果公司的手机待机时间不长、不耐摔等缺陷,但是新的功能带来的"生机"足以弥补这些缺陷,因此使用者逐渐增多,苹果公司慢慢开始建立它的正反馈系统。此外,苹果公司还站在用户的角度改进手机的细节。例如,它一改往日手机设计样式过多难以挑选的弊病,做到设计样式简单但易操作,赢得了年轻用户的青睐,并且它坚持高端手机路线,还受到了中高端消费人群的好评。最终,诺基亚原来的手机用户不断流失转而加入苹果公司,后者依靠这种效应建立了越来越庞大的智能手机网络,而仍然按照自己的传统理念生产自己产品的诺基亚公司,由于没有更多考虑客户的差异化需求以及智能手机的大时代需求,最终惨遭淘汰。[2]

---

[1] 卖专利,不做手机的诺基亚这样挣钱 [N]. 科技日报, 2015-06-24 (6).
[2] 高小青,韩润春. 诺基亚帝国的衰败 [J]. 河北联合大学学报(社会科学版), 2013, 13 (5): 33-34, 72.

第二节　对提高"行动者网络"的生机与活力的意义

前文提到，拉图尔提出了评价行动者网络的"效益"标准和"民主"标准，但他并没有根据"效益"和"民主"的标准来系统地提出增强"行动者网络"的生机与活力的措施。不过，拉图尔和卡龙对如何建立和增强"转译"机制做出过详细的阐释，这里部分涉及增强"行动者网络"的生机与活力的措施，下面简单梳理一下。

依据拉图尔的"效益"标准，好的网络中行动者数量会更多，并且行动者之间的联系更紧密。那么如何增强网络中行动者的数量并且使得行动者之间的联系更加紧密呢？拉图尔虽然没有直接提出针对的措施，但是他在《科学在行动》一书中描述过科学家建构网络的行动者。科学家在建构科学网络的时候，需要做两个事情：一是"吸收他人"（enrol others）的参与，从而使他们加入事实的建构；二是控制他们的行为，以便使他们的行动可以预测。为了同时达到这两个目的，科学家需要"转译"（translation），将自己的"利益"转化为愿意加入网络的行动者的"共同利益"。[①] 可见，把握好"转译"是增强网络吸引力的关键。需要指出的是，所谓共同的利益并非简单的经济回报，它更类似于一种投资，是一种可以不断增值的资本，这样可以解释为什么许多科研人员宁愿选择更有发展前途的科研机构而不是简单给予丰厚经济回报的科研机构。行动者网络理论的另外一个创始人卡龙提出了更为细致的"转译"四阶段："问题化"（problematization）、"赋利化"（interessement）、"招募"（enrolment）和"动员"（mobilization）。[②] 第一阶段被他称为"问题化"，这是指将其他行动者面临的问题变成科学家自己的问题。第二阶段是"赋利化"，这指的是科学家们试图通过某种利益手段来强制和稳定其他行动

[①] 拉图尔. 科学在行动：怎样在社会中跟随科学家和工程师 [M]. 刘文旋, 郑开, 译. 北京：东方出版社, 2005：184.

[②] CALLON M. Some Elements of a Sociology of Translation：Domestication of the Scallops and the Fishermen of St Brieuc Bay [J]. The Sociological Review, 1984, 32 (1)：205-206.

者的身份。第三阶段是"招募",它是指通过成功的互动,占主导地位的行动者试图建立联盟来引导使得其他行动者进入网络。第四阶段是"动员",它是指占主导地位的行动者设法通过多次协商和谈判确保被招募的行动者继续支持其目标、兴趣和利益。只有顺利通过转译的四个阶段,一个成功的网络才会出现。

从机体哲学角度看,以上措施同样仅考虑"效率"标准,并没有充分涉及行动者网络"生机",因此也是有缺陷的。拉图尔指出"利益"是一种持续"资本",这实际上就是机体哲学强调的"生机"在经济利益方面的体现,但拉图尔的观点只是涉及如何进行转译的一些具体策略,并没有详细讨论如何把握和增强这种"生机"。卡龙划分了转译的四个阶段,并且指出这四个阶段关心的重点在于如何建立网络。在建立网络的过程中必然会涉及新的行动者对网络"生机"的关注,但卡龙却没有涉及建立网络之后如何增强网络长远的"生机"。要克服以上缺陷,必须通过相应措施加强网络演化中的"生机",特别是网络建立后的长远"生机"。本书综合拉图尔的"效益"标准和"民主"标准,并结合机体哲学中有关网络状态和趋势的讨论,有针对性地提出三条增强行动者网络的"生机"与活力的措施。

一、聚焦整体性、全局性的"生机"

在行动者网络建立的过程中,面临的问题是多方面的,但只有具备整体性、全局性的强大"生机"的网络,才能够得到众多行动者的支持,拉图尔和卡龙的措施没有涉及网络建立过程中如何聚焦这种带有整体性、全局性的"生机"。要弥补这方面的缺陷,具体来讲要做到以下两方面。

第一,时刻关注和选择具有整体性、全局性的"生机"。所谓"整体性、全局性",是指当网络中各种行动者的"生机"发展可能出现不协调甚至利益冲突的时候,需要从整体性、全局性的需要出发,调整各种行动者之间的关系,使各种行动者的"生机"发展服从整体性、全局性的需要,这意味着要聚焦众多行动者普遍关心的问题,考虑行动者发展的必然因素和长远利益,这样才能使行动者网络始终保持强大的"生机"和活力,从而持续发展。"生命机体"发展中的植物剪枝、除草、手术,"人工机体"发展中的更新换代,

"社会机体"发展中的全局观念和"共同体意识","精神机体"发展中的思想修养、革除陈腐观念,等等,都体现了这方面的要求。如果放任行动者网络中的个别行动者随意发展自己的"生机"而损害他人以至整体的、全局性的"生机",只会造成整个行动者网络的崩溃。中国共产党在土地革命时期取得成功的一个重要经验,就是牢牢抓住了中国数量众多的农民关心的"土地改革"这一重大问题。到了改革开放时期,中国共产党又根据主要矛盾的变化将工作重心转移到了经济建设上来,取得了辉煌的成就,这说明必须根据不同时期的整体性、全局性的需要变化审时度势,才能保持长久的、旺盛的生机与活力。所以,要使得行动者网络得以建立,必须时刻聚焦体现整体性、全局性的重大问题,以解决这些问题为出发点,才能增强网络发展的"生机"。这要求行动者网络的建立者必须具备整体性、全局性的意识,同时要在实践中对解决这些问题进行摸索并提出可行性方案,这样才能聚集新的行动者加入。

第二,发挥核心行动者的作用,促进网络建立过程中"生机"的稳定发展。虽然在网络中所有行动者都具有行动能力,但是并不代表每个行动者所发挥的作用是一致的,卡龙就将行动者划分为"核心行动者、主要行动者和共同行动者"三类。其中,核心行动者处于行动者网络的协调的位置,通过它与主要行动者协同来实现联盟的发展,共同行动者是在联盟中其他互动和联结中涉及的角色和资源。[①] 网络的发展有着不同时期,这就要求行动者网络中的核心行动者要根据网络的不同发展阶段协调不同行动者的"生机"在网络中的作用。例如,技术产业并非均衡发展而是"新陈代谢",用行动者网络理论的话语来解释,那就是技术产业是一个有着更替的演化网络,国家在每一个时期都将扮演着核心行动者的角色,促进网络的发展。陈平将技术产业的发展周期分为了四个不同的阶段:幼稚期、成长期、饱和期和衰退期,并且总结了国家在每个不同的阶段需要做出的不同宏观调控措施。[②] 幼稚期便属于行动者网络建立的早期阶段。在这一阶段,由于新技术在达不到一定规模

[①] 李峰,肖广岭. 基于 ANT 视角的产业技术创新战略联盟机制研究:以闪联联盟为例 [J]. 科学学研究,2014,32(6):835-840.
[②] 陈平. 代谢增长论 [M]. 北京:北京大学出版社,2019:31.

前难以存活,所以需要国家大力保证该产业的知识产权,并且在对外贸易上给予政策倾斜。国家无疑便是网络建立过程中的核心行动者,这与西方一些学者提倡的无论在任何阶段都是"市场万能",削弱国家的宏观干预形成了鲜明的对比。

二、运用实践智慧,积极利用"生机"

在行动者网络建立之后,如何把握和引导网络长远的"生机",是一个重大的问题。因为网络的发展是一个与外界环境打交道促进自身"生机"展开的过程,需要处理好实践和理论的关系。在这方面,需要运用实践智慧,积极利用"生机"。本书所指的"实践智慧",并不仅仅限于西方哲学传统中的亚里士多德的"实践智慧",也包括中国文化传统中"道"这个范畴。"道"可以被称为"东方的实践智慧",两者都可以吸收到现代对实践智慧的理解和运用之中,促进行动者网络的健康发展。

古希腊的"实践智慧"(phronesis)概念在日常用法中是指一个聪明能干的人所具有的审时度势、精于智谋、做事合理而又有成效的品质。[①] 古希腊的实践智慧经过哲学家阐发后,成为古代伦理体系中与正义、勇敢、节制并驾齐驱的重要德性之一。在亚里士多德那里,实践智慧处理的是变动不居、与人的生活息息相关的具体事物,并且它运作的目的在于行为本身的好,促成的是人的内在完善性。随着近代工具理性思潮的兴起,特别是从霍布斯开始到康德的实践哲学,或将其价值贬低到理性之下,或将其作用范围局限于伦理道德,直到现代实践哲学的复兴,它才重新焕发了新的生命。[②] 与西方"实践智慧"相呼应的是东方以"道"为核心的方法论体系。作为中国哲学范畴的"道",并非指实在的道路或在道路上实际的行走过程,也不限于各种实践活动中具体的途径和方法。从机体哲学角度看,"道"是一种适应机体特征的改造世界的方法论。它要求在保证机体内外部充分和谐的状态下进行实践,变革自然界和人类社会的秩序,培育和保养健康的"生命机体",创造各

[①] 刘宇. 实践智慧的概念史研究[M]. 重庆:重庆出版社,2013:1.
[②] 刘宇. 实践智慧的概念史研究[M]. 重庆:重庆出版社,2013:2.

种有益于人类社会健康发展的"人工机体""社会机体"和"精神机体"。①"道"同样是用来解决机体活动中"道"与"术"各种关系问题的实践智慧，而且更注重体验性和可操作性。在当今的实践哲学和实践研究领域，实践智慧已成为一个异常重要的概念，在有效地帮助人们反思和筹划更加合理的实践活动。

在行动者网络发展中对各类机体"生机"的积极利用，需要运用实践智慧。具体来说，要做好以下三点。

一是运用好实践智慧，善于在处理理论与实践的关系中利用"生机"。在实践的过程中人们面对的则是变动不居的世界和其中拥有多重属性的行动者，需要在动态的意义上把握复杂的网络，不可能只运用某一种理论就能完全把握得了。例如，一块普通的石头具有物理属性（硬的）、化学属性（与硫酸等可能发生化学反应）、商品属性（能够被加工后进行买卖）等多重属性。这三种属性涉及不同学科的理论。随着实践层次慢慢地加深（如由日常生活的使用层次到工程项目的层次），石头的多属性特质就慢慢暴露出来，这要求实践者必须统筹好多种而非一种理论的关系。徐长福认为理论和实践的关系表现在理论和实践是一多关系，并且是"双向交织的一多关系，而不是单一理论主宰一切实践的关系"。② 因此，必须学会正确处理理论和实践的关系，这样才能最大限度地利用好行动者网络内外各种有利的因素促进"生机"的展现。

二是摆正"道"与"术"的关系，处理好各类机体之间的动态稳定关系。从机体哲学角度看，"道"这一范畴在具体使用语境中更多地指向人类的实践活动，是"人类实践活动中最为合理与优化的途径和方法，是技术的最理想状态"③，在中国传统技术发展过程中，伦理道德层面上的"道""技"关系表现为"以道驭术"，具体指技术行为和技术应用要受伦理原则和道德规范的驾驭或制约④。"道"还有"小道"和"大道"的区别。"小道"仅仅聚

---

① 王前. 生机的意蕴：中国文化背景的机体哲学 [M]. 北京：人民出版社，2017：246.
② 徐长福. 走向实践智慧 [M]. 北京：社会科学文献出版社，2008：9.
③ 王前. 如何发展有中国特色的技术哲学？[J]. 哲学动态，2021（1）：40-42.
④ 王前. "道""技"之间：中国文化背景的技术哲学 [M]. 北京：人民出版社，2009：135.

焦于高效、优质和省力等技术指标，尽管有合理性，但也有局限性。"虽小道，必有可观者焉，致远恐泥，是以君子不为。"① 而"大道"则不同，是"技术活动与自然、社会、伦理、人的身心关系等相关要素的整体和谐与优化"，② 是不同类型的机体的和谐共生状态，即"对各种类型机体关系在整体上最合理、最优化的把握"。③ 脱离了"道"的"术"可能带来各种负面影响，并非整体的最合理化与最优化，最后很可能导致对社会效益的忽视和对自然环境的破坏。如果仅从经济效益和功利目的出发来选择"合理、优化"的标准，往往背离了"大道"。例如，在种植业中，有些农民为了提高农作物的产量获取更多的利润，大量使用农药和化肥，虽然能够大幅度提高农作物的产量，繁荣农村市场，但种植出来的产品农药残留不仅可能超标，在种植过程中还破坏本地的生态平衡，并且出现了"自我供给"和"市场供给"相互隔离的局面。在实践中必须将实践活动的各个要素联系起来。不仅考虑操作者的方便，还要考虑工具和对象的特征；不仅考虑局部的要求，也要考虑整体上的合理与优化；不仅要考虑实践活动的功利效果，也要考虑工程技术对社会和环境的影响。处理机体之间的关系也要遵从"大道"，不能仅仅着眼于某一种机体的"生机"而损害了其他类型机体的"生机"，这一点尤其在处理当前的人机关系中表现得非常突出。随着科技的发展，当前"人工机体"的发展规模可能过大或者发展速度过快，就会造成对人的生理机能、社会机能和精神机能的负面影响，这种情况就需要在"大道"的引导下进行适当的干预和调整。比如，当代"人工机体"的设计和使用要符合人体工程学的原理，不能损害人的生理和心理健康，同时也要引导人们在身体和思维方面做好充分准备，配合"人工机体"的改造和升级。

三是综合利用中西文化有关"实践智慧"的思想资源，促进网络"生机"的全面展开。一般来说，亚里士多德的"实践智慧"的特点在于"后发制人"——对实践活动造成问题之后的及时反馈和调整；而"道"的优点在于实践活动之前就"未雨绸缪"，在实践活动之前考虑到实践活动各种相关要

---

① 南怀瑾. 论语别裁 [M]. 上海：复旦大学出版社，2012：863.
② 王前. 如何发展有中国特色的技术哲学？[J]. 哲学动态，2021（1）：40-42.
③ 王前. 生机的意蕴：中国文化背景的机体哲学 [M]. 北京：人民出版社，2017：25.

素的和谐。① 因此，在行动者网络的发展过程中必须将两者结合起来。具体来说，在开展各种促进网络发展的实践活动之前，就必须从实践目的、方案设计、具体决策开始，充分考虑到实践活动各种相关要素的和谐，及时发现和消除各种相关要素的不和谐关系，使实践活动在人类可控的范围内合理发展。而在这些促进网络发展的实践活动开展之后，必须运用好实践智慧对出现的问题予以反馈和调整。以当前热门的大数据以及云计算技术为例，在这一技术实施之前，就必须遵循"道"的原则考虑到该技术运用网络中的所有行动者之间的和谐关系，包括企业与用户之间、用户与用户之间的关系。要理顺这些关系就必须处理好诸如隐私泄露、信息安全、数字鸿沟等问题，而确立相应伦理规范势在必行。而在这一技术实施之后，由于面临的环境多变，更要及时对大数据技术活动造成的问题予以及时反馈和调整。例如，一些外卖平台为了赢得更好的用户体验，在商业竞争中利用大数据和云计算技术，过分强调理论上的送货时间。但是在实践过程中，外卖骑手难免会出现交通拥堵和不利天气等特殊情况，他们中的有些人为了避免误点被处罚，冒险去违反交通规则而出现了一些交通事故。面对这种情况，必须运用好实践智慧，以兼顾送货的速度以及骑手的安全为前提，调整算法和送货规则，只有这样才能保证整个外卖网络健康发展。综上所述，必须掌握古希腊实践智慧和"道"的理念的各自优势，相互补充，才能促进"生机"在行动者网络中的顺利展开。

三、从机体特点出发开展动态评估与调整

在行动者网络的日常管理上，需要从机体特点出发进行评估与调整，这里涉及对网络中行为者的管理，如果管理不善会导致网络中"生机"的紊乱。行动者网络理论强调人类在和"非人"行动者打交道的过程中必须重视"非人"行动者的行动能力，而不是仅仅将"非人"行动者当作"死物"来看待。在这一点上，机体哲学和行动者网络理论是一致的，机体哲学同样强调

---

① 王前. 生机的意蕴：中国文化背景的机体哲学 [M]. 北京：人民出版社，2017：275-276.

"非人"行动者并非简单的"物",而是三种不同类型的机体。但行动者网络理论没有提出具体的对网络进行管理的措施,而机体哲学的解读在这方面有更强的可操作性。机体哲学要求必须根据不同类型的机体特点来进行管理,只有这样才能让机体的"生机"得到真正的展现。

第一,对"生命机体"进行管理,必须充分考虑"生命机体""生机"的演化规律,顺应自然,提高"生命机体"的生机与活力,即《中庸》所说的"能尽物之性,则可以赞天地之化育;可以赞天地之化育,则可以与天地参矣"。比如,当今各滨海国家都在提倡并实施的"休渔期",我国政府近几十年来一直在推行的防护林工程等。如果仅考虑人工目标而无视"生命机体"的演化规律,其结果必然会损害"生命机体"的"生机",如备受指责而被叫停的"活熊取胆"等。[1]

第二,对"人工机体"进行管理,必须充分考虑与人的互动关系。在第三章第二节第二目小节,拉图尔论述"人工机体"不仅能够影响人类个体的行为(如减速带),而且构成了整个人类社会(如人类社会和狒狒群体的区别),因此人类不可能脱离人工物而存在。要促进人与人工物之间的关系和谐,对个人而言,在设计"人工机体"的时候应该充分考虑使操作者运用自如和安全可靠,避免过度迎合商业化需求造成的对操作者身心的不良影响;对社会层面而言,还必须充分考虑"人工机体"的"寿命"问题,不仅要重视"人工机体"的"保质期",避免使用造成的安全事故,更要注重"人工机体"报废后的消解问题,避免对社会环境造成不良影响。

第三,对"社会机体"进行管理,必须注重整体的有序性。在"社会机体"内部,各类行动者都处于一定的位置上,其存在和发展遵循一定的规则和秩序,这种相互关系形成了"社会机体"的各种结构。如果"社会机体"各部分位置不正,秩序紊乱,"社会机体"的正常状态就会被打破,"社会机体"的整体"生机"就会被中断,"社会机体"就会出现病态甚至异化。反之,如果各部分位置排列有序,则会极大地促进"社会机体"整体"生机"

---

[1] 范电勤,廖呈钱.我国"活取熊胆"的法律规制探讨[J].江汉大学学报(社会科学版),2015,32(5):39-44,125.

的提升。因此，要维持一个和谐有序的"社会机体"内部秩序，必须重视行动者之间的"公平"和"正义"。"公平"强调的是网络内各行动者享有平等权利，形成合理秩序；而"正义"则强调网络内各个行动者在贡献与回报方面得到合理匹配。

第四，对"精神机体"进行管理，要充分考虑到其存在和演化的特点。"精神机体"涉及文化传统、语言系统等，并且"精神机体"的宏观层面（如知识体系、心理结构等）总是与微观层面（个人精神活动）紧密相连。此外，"精神机体"的存在总是以"生命机体"和"社会机体"为载体，也能够影响其他类型机体的存在方式和发展趋势。建立"精神机体"的协调节制，必须重视个人"精神机体"的健康发展，也要注重宏观层面的传承、传播对大众社会生活的作用。具体来说，在微观层面上注重营造思想品德教育、舆论宣传和营造引导性的文化氛围，在宏观层面上要注重发挥制度化的设计来传承和发展"精神机体"。

第三节 对促进与"盖亚"和平相处的意义

"盖亚假说"是英国科学家洛夫洛克（James Lovelock）于20世纪70年代提出，其后与美国科学家林恩·马古利斯（Lynn Margulis）合作进一步发展的科学假说。他们认为"盖亚"（西方神话中的"大地女神"）系统是由所有生物和它们的环境所组成的动态系统，能够自动调节地球自身的气候和自然状态。[①] 而"人类世"（Anthropocene）的概念在2000年由诺贝尔奖得主、化学家保罗·克鲁岑与尤金·F·斯托默共同提出，用以取代之前人类活动对全球影响较少、气候相对稳定的"全新世"（Holocene）。他们认为在"人类世"中，人类自身的力量能够强烈影响整个地球系统。[②] 拉图尔在"人

---

① 洛夫洛克. 盖娅时代：地球传记［M］. 肖显静，范祥东，译. 北京：商务印书馆，2001：7.
② 普雷斯顿，王爱松. 多元人类世：打碎一种总体化话语［J］. 国际社会科学杂志（中文版），2018，35（4）：60-71.

类世"观念和"盖亚假说"基础上提出了新的盖亚学说,一方面认为人类是一种能够改变盖亚这一地球系统的"技术力量",有能力主动改善地球系统;另一方面认为在全球环境伦理治理上没有先天的伦理规范,进而主张一种"关系伦理",这种关系伦理只能通过"物的议会"的机制,通过协商来达成共识。① 拉图尔的盖亚学说能否有效解决全球的生态问题呢?关系伦理的合理性边界在哪里?"物的议会"能否得到有效实施?这些问题都值得进一步探讨。

一、人类将成为盖亚的"自我意识"

(一) 洛夫洛克的"盖亚假说"

1965年9月,詹姆斯·洛夫洛克在加利福尼亚的喷气推进实验室研究探测火星生命的方法时,就开始定义由生物群落控制的自我调节地球的概念。洛夫洛克认为,在其他行星的大气中探测氧气等化学物质的混合度是一种相对可靠和廉价的探测生命的方法。后来,其他一些有关联的证据也出现了,比如,海洋生物产生的硫和碘的量与陆地生物所需的量大致相同,这有助于支持这一假说。1971年,美国微生物学家马古利斯博士加入洛夫洛克的行列,她努力把最初的假设充实成经过科学验证的概念,并贡献了她关于微生物如何影响大气和地球表面不同层次的知识。"盖亚假说"提出后,赞同和质疑之声从未中断,洛夫洛克也为完善和验证假说做出了多方面努力。其中,两项重要工作对"盖亚假说"论证起了关键作用。首先,洛夫洛克与合作者通过研究海洋和大气圈的硫循环,发现海洋浮游生物—大气凝结核—气候之间存在反馈链,即高温将导致海洋浮游生物爆发,使得海洋和大气中DMS(二甲基硫)通量增加,DMS在大气中氧化成SO_4,并形成硫酸盐气溶胶,成为云凝结核,从而增加云量和反照率,导致气候变冷。② 这一过程揭示了海洋生物和气候之间存在重要的负反馈机制。另一个工作是"雏菊世界实验"(Daisy

---

① HARMAN G. Prince of Networks: Bruno Latour and Metaphysics [M]. Melbourne: Re. Press, 2009: 92.
② CHARLSON R, LOVELOCK J E, et al. Oceanic Phytoplankton, Atmospheric Sulphur, Cloud Albedo and Climate [J]. Nature, 1987, 326 (6114): 655-661.

world Experiment)。所谓雏菊世界实验,是洛夫洛克同其他人合作,通过计算机进行了雏菊在世界中繁衍生存的模型。在计算机模拟实验中,洛夫洛克通过模拟从简单(单色雏菊,双色雏菊)到复杂(多色雏菊)的雏菊盖度—反照率—气候反馈过程,阐明了生物对环境的自适应和自调控过程。① 具体地说,寒冷的时候黑色的雏菊就会萌发,吸收更多的太阳光帮助地球升温;高温时,白色的雏菊就会萌发,反射太阳光帮助地球降温,从而使地球的温度始终保持在一个平衡当中。这个模型完美地论证了一个现实当中的事实,那就是地球的温度、氧气的电位、海盐的平衡等性质,几亿年来一直保持着平衡,这些平衡正是通过整个地球生命群自发、无意识、主动的操作和反馈来实现的。

(二)拉图尔对"盖亚假说"的发展

英国杜伦大学教授杰里米·J. 施密特(Jeremy J. Schmidt)曾认为,关于地球系统治理的社会建制或者"道德地质学"(moral geography)有两条不同路径,这就是科学技术路径和伦理路径。②科学技术路径的特点在于把人类力量等同于地球系统中的其他地质力量(如水圈、大气圈、岩石圈或生物圈),并运用科学手段对这种力量进行详细的研究探讨;而伦理路径则从伦理角度出发来研究如何规范地球系统中人类的力量。美国杜克大学地质学家彼得·哈弗(Peter Haff)是主张科学技术路径的代表人物之一,他将支持人类生活的技术设备视为"技术圈"(technosphere),主张技术是一种遵循自身动态的全球现象,而人类对于技术圈就像水对于水圈一样——是物理系统的一部分。③ 根据人类世的特点,哈弗认为人类不仅具有压倒自然的力量,而且人

---

① WATSON A, LOVELOCK J E. Biological Homeostasis of the Global Environment: The Parable of Daisyworld [J]. Tellus B: Chemical & Physical Meteorology, 1983, 35B (4): 284–289.
② SCHMIDT J J. The Moral Geography of the Earth System [J]. Transactions of the Institute of British Geographers, 2019, 44 (4): 721–723.
③ HAFF P. Technology as a Geological Phenomenon: Implications for Human Well–being [J]. Geological Society, 2013, 395 (1): 301–309.

<<< 第六章　从机体哲学视角解读行动者网络理论的实际意义

类可能"自身也处在被一个不断演变的地球的新奇力量压倒的过程中"[①]。由于哈弗将整个技术领域自然化，并且将人也等同于物理系统的一部分，忽视了人的意向性和目的性，因而招致很多批评。

拉图尔和英国埃克塞特大学教授蒂姆·莱顿（Timothy M. Lenton）同样遵循了科学技术路径，但与哈弗不同的是，他们考虑了人的意向性和行动能力对地球系统影响的问题，在《科学》杂志上提出了盖亚假说的新版本"盖亚2.0"。"盖亚2.0"认为在人类世这个大背景下，可以合理地利用人类的技术力量来有效调节盖亚这一地球系统，而这种调节是"有意识的自我调节——从个人行为到全球性地球工程计划——要么正在发生，要么迫在眉睫"[②]。这就使得地球系统转型为具有"自我意识"的"盖亚2.0"，而这种"自我意识"来自人类有意识的调控。要让人类充当盖亚的"自我意识"，必须研究盖亚在人类世的新特点。与洛夫洛克最初的盖亚假说相比，"盖亚2.0"坚持了洛夫洛克的两个核心观点：第一，"生命机体"的能动作用。拉图尔和莱顿强调生物参与了整个地球环境的形成，利用很少的能量流便深刻地影响了地球和气候的能量平衡。保持生物多样性将有助于盖亚形成强大的自我调节功能。第二，盖亚的异质性。洛夫洛克认为盖亚并非一个统一体，而是有生命的部分和无生命的部分组成的一个系统。[③] 拉图尔也认为盖亚实际上是由不同类型的行动者组成的异质性网络。不过，"盖亚2.0"与洛夫洛克的盖亚假说相比有新的内涵：第一，"自养性"（autotrophy）。这是指在盖亚中营养成分会被循环利用，且循环回路呈闭合状态，使得资源得以可持续利用。盖亚几乎是一个封闭系统，地球和外层空间之间物质交换很少，而内部循环程度很大。第二，"层级性"（heterarchy）。地球上的一些气候自我调节机制涉及物理、化学以及生物学上很多因素。在不同时空尺度上，盖亚受到完全不同的机制

---

① HAFF P. Being Human in the Anthropocene [J]. The Anthropocene Review, 2017, 4 (2): 103-109.
② LENTON T M, LATOUR B. Gaia 2.0: Could Humans Add Some Level of Self-Awareness to Earth's Self-Regulation [J]. Science, 2018, 361 (6407): 1066-1068.
③ LENTON T M, LATOUR B. Extending the Domain of Freedom, or Why Gaia Is So Hard to Understand [J]. Critical Inquiry, 2019, 45 (3): 659-680.

调控。自然选择只能在小的时空尺度上解释环境调控。第三，"网络性"（networks）。洛夫洛克在最初的盖亚版本中便提出了微生物的重要作用，特别是海洋浮游生物、大气凝结核与气候之间存在反馈链。"盖亚2.0"强调盖亚是由微生物参与的自适应的网络构成的，微生物构成了全球的生物地球化学循环的基础。①

究竟该如何从社会角度调控盖亚？在"盖亚2.0"中，拉图尔和莱顿指出，首先需要人类社会做出有自我意识的自我调控，吸取从盖亚获得的教训，科学家需要与政治家、社会活动家及公众合作。同时，科学机构需要在诸多领域发挥作用，包括增强对环境生态和盖亚功能损伤的监测感知力、提高监测质量、改进模型等，并对环境变化和社会反应之间的时滞进行追踪，为盖亚的自动调控功能增加一些人类自我意识。在这方面，拉图尔比莱顿走得更远。他在《回到地球：在新气候领域中的政治》（*Down to Earth: Politics in the New Climatic Regime*）一书中明确提出，在科学上把握盖亚不能采取以往"外部视野"的方法，必须转向"内部视野"。② 所谓外部视野，是以牛顿力学范式为代表的看待行星和自然的方式，仅仅关注它们的外部物理特征，并不关心它们的产生和变化过程。在外部视野下，地球与其他无生命的行星并没有什么不同。而实际上人类的生存和活动都集中在"关键带"（critical zone）中，这是指从植被冠层顶部到风化底层之间的一个薄层。拉图尔提倡的"内部视野"是专门针对盖亚以及关键带的一种研究方法，它采取多学科尤其是生态学、环境科学视角去了解"生命机体"及其与环境的互动。拉图尔认为通过"内部视野"的方法，能够恢复"自然"（nature）本身在希腊语中"菲希斯"（phusis）一词的含义，即"起源、产生、过程"，强调自然是运动、变化和富有生命力的。

"盖亚2.0"学说很有创新性。第一，"盖亚2.0"指出了人类必须理性地运用技术力量对盖亚进行调节，这就有效地避免了"想要彻底统治一种总是

---

① LENTON T M, LATOUR B. Gaia 2.0: Could Humans Add Some Level of Self-Awareness to Earth's Self-Regulation [J]. Science, 2018, 361 (6407): 1066-1068.

② LATOUR B. Down to Earth: Politics in the New Climatic Regime [M]. Cambridge: Polity Press, 2018: 64-68.

<<< 第六章 从机体哲学视角解读行动者网络理论的实际意义

被认为是桀骜不驯和野蛮的自然"的极端的技术控制理论,指出这种观点的错误在于忽视了基于"内部视野"的生态学技术。① "盖亚 2.0"也回击了放弃技术退回到"自然状态"的极端主张,因为根本不存在某种脱离人的"自然",盖亚本身就是人和自然的混合体。第二,"盖亚 2.0"指出了"非人"行动者的在自然界中扮演的重要角色,这意味着必须在科学上研究并尊重"非人"行动者的行动能力。斯德哥尔摩大学教授奈斯特龙(M. Nyström)在《自然》杂志上撰文认为,要实现可持续的全球生产生态系统,必须彻底改变根深蒂固地支撑着当前的经济范式、消费模式、权力关系、价值观、教育体系和社会行为,而"盖亚 2.0"的提出指明了科学家在这一过程中可以发挥重要作用。② 德国经济学家卡斯滕·埃尔曼-皮莱(Carsten Herrmann-Pillath)从生态经济学的角度出发,认为"盖亚 2.0"的提出说明人类及周边环境是共同进化的,而当前人类面临的挑战是"为生物圈、经济和科学以及其他领域的共同进化找到一条表现轨迹,最终维持地球系统整体的基本构造原则"③。

不过,拉图尔意识到研究地球系统治理社会建制问题的科学技术路径也有其缺点,科学技术本身便包含着权力结构,仅仅从技术上不能完全解决技术本身带来的伦理问题。技术哲学家兰登·温纳(Langdon Winner)曾提出"技术本身就是一种政治现象"④,技术人工物带有政治性,而这种政治性"嵌入"在技术人工物中。"盖亚 2.0"仅仅从科学技术路径出发不能彻底解决伦理问题,因为它将技术领域过分自然化,无视权力结构。因此,一些学者便试图从伦理路径上弥补这方面的缺陷,拉图尔本人就在这条路径上做了进一步的探索。本书所说的拉图尔的盖亚学说,既包括他与莱顿在"盖亚

---

① LATOUR B. Facing Gaia: Eight Lectures on the New Climatic Regime [M]. Cambridge: Polity Press, 2017: 10.
② NYSTRÖM M, JOUFFRAY J B, et al. Anatomy and Resilience of the Global Production Ecosystem [J]. Nature, 2019, 575: 98-108.
③ HERRMANN-PILLATH C. On the Art of Co-Creation: A Contribution to the Philosophy of Ecological Economics [EB/OL]. (2019-11-13) [2019-11-29]. https://esee2019turku.fi/wp-content/uploads/2019/06/Art-Cocreation.pdf.
④ 温纳. 自主性技术: 作为政治思想主题的失控技术 [M]. 杨海燕, 译. 北京: 北京大学出版社, 2014: 15.

143

2.0"学说上共同的观点,也包括他个人独具特色的研究成果,特别是关于"关系伦理"与"物的议会"的观点。

二、解决生态问题的关系伦理

(一) 生态伦理路径的社会建构取向与自然主义取向之争

研究地球系统治理的社会建制问题的伦理路径,主张根据地球所能承载的边界在国际环境法中建立一种"基本准则"(grundnorm),为可持续发展目标提供一个合理的经验基础,这就是"通过目标治理"(governing through goals),将经济活动导向可选择的、可修正的目标,对经济活动予以生态上的目标干预。[1] 在伦理路径中,还存在社会建构取向和自然主义取向之争。

社会建构取向认为伦理是社会建构的,应该将伦理扩展到人类以外的领域。一些伦理学家把拥有权利的自由个体扩展到人类以外的生物,其代表人物如动物解放运动的代表美国伦理学家彼得·辛格(Peter Singer)。从20世纪70年代开始,辛格一直认为,我们将动物排除在道德考虑之外的行动正如早年将黑人和妇女拒之门外一样。类似于种族主义和性别歧视,辛格普及了"物种主义"(speciesism)一词。正如否定道德身份在种族和性别是平等的这种做法在道德上是错误的一样,辛格认为不承认道德身份是基于种族成员平等的这种观点也是错误的。他从道德理论的"基本前提",即"道德的基本准则"出发开始论证,认为所有的利益都应当给予公平的考虑,任何有资格享有道德身份的生物"都不能另眼对待"。那么什么特征使一个生物有平等的道德身份?辛格引用了边沁的话:"问题不是它们能否推理,也不是能否焦虑,而是它们会不会忍受痛苦。"辛格认为,"任何享乐的能力是有没有利益的先决条件,是在我们有意义地谈论利益之前必须满足的条件"[2]。辛格据此说,如果一个小孩在马上踢一个小石头,我们不能说这不符合那个石头的"利益"(welfare),因为石头不会感受到什么痛苦,更谈不上什么利益。但马路上的

---

[1] YOUNG O R. Governing Complex Systems: Social Capital for the Anthropocene [M]. Cambridge, MA: The MIT Press, 11-22.

[2] SINGER P. Animal Liberation [J]. Philosophical Review, 1995, 86 (4): 411-412.

一只猫却不一样,因为它能感受到痛苦,它拥有不被杀死的利益。这样,辛格用"知觉"(sentience)来表达任何体验快乐的能力,知觉是拥有利益的必要条件,而一个无知觉的物体无所谓利益,比如石头。有知觉的生物至少有其最小的利益——不承受痛苦的利益。

自然主义取向则肯定自然有其内在的特性。英国曼彻斯特大学教授基考克·李(Keekok Lee)就肯定自然界生物生存或繁衍的权利是根据其本身性质而得到保障的,并不是因为社会决定赋予其道德价值。[①] 在此基础上,李进一步认为:第一,自然不需要也不应该被理解为仅仅指存在于地球上的东西;第二,由于技术对太阳系其他行星的入侵和殖民的威胁越来越大,一种以地球独有的特征为依据的环境伦理可能会产生误导并被证明是不充分的;第三,一个综合的环境伦理学不仅必须包括我们对地球的态度,而且还必须包括我们对其他行星的态度。换句话说,它不能仅仅是一个以地球为界的伦理学,而必须是一个以天文学为界的伦理学。

这两条取向都推动了伦理向自然领域扩展,冲击了强人类中心主义的稳固地位。但是它们都有着共同的困境:一是没有彻底打破自然和社会隔离的二分法。英国哲学家诺埃尔·卡斯特里批评这两条路径只会通过无意识地强调自然的特性来强化自然/社会的差异。[②] 二是这两条取向都尝试给"非人"行动者的伦理找到一个根基,但无法成功。比如,社会建构论指出"自然"的概念是一个被建构的概念,所以生态伦理也不能植根于某种自然界生物固有的属性。

(二) 拉图尔的"关系伦理"

基于这种情况,拉图尔试图超越这两种立场,为此提出了生态伦理学中的"关系伦理"观念。在一般的意义上,"关系伦理"指的是从调节事物之间和人与人之间的关系角度看待伦理原则和道德规范,强调"关系"的整体性、公正性与和谐性。实际上,关系伦理在非西方世界有着几个世纪的历史,

---

① LEE K. Awe and Humility: Intrinsic Value in Nature [J]. Royal Institute of Philosophy Supplement, 1994, 36: 89-101.
② CASTREE N. A Post-Environmental Ethics? [J]. Ethics, Place & Environment, 2003, 6 (1): 3-12.

如东亚儒家思想、撒哈拉以南非洲的"乌班图"（ubuntu）思想，但这些伦理传统较少涉及生态，更多涉及如何调节人与人之间的关系。[①] 现代哲学中的关系伦理观念最早源于 20 世纪女权主义对男权至上意识的批判，在批判过程中逐渐发展为对生态伦理的关注。第一个提出这种转向的是生态女性主义者普卢姆伍德（Val Plumwood），她强烈反对社会与自然分离的思维模式，因为在这种思维模式中，人性的本质让位于男权的、理性的人类思维，并且男人对女人、人对自然的压迫都来源于这种二分的模式。所以，必须把人类作为具体的存在来研究，因为人类在实际上与周围的世界打交道。[②] 此外，唐娜·哈拉维（Donna Haraway）提出的"赛博格"（cyborg）概念挑战了人类、有机物和机器之间的分类区别，这种赛博格的混合体是通过完全不同和具体的主体之间的"关系网"构成的，伦理实践同样出现在多个生活世界的表现中，通过相互构成的主体和关联模式的组合编织意义和实在的链条。[③]

拉图尔基于行动者网络理论进一步发展了关系伦理，推动了整个生态伦理的发展。在拉图尔看来，人与"非人"行动者之间并不存在截然隔离的界限。盖亚的异质性在于它并非纯粹的自然体，或者以某种类型的行动者为中心建立起来的单一体，而是人与"非人"行动者构成的混合型网络，生态伦理问题的关键在于处理这种互动关系。启蒙时代开启了社会与自然之间的等级划分，这意味着假定动植物等"非人"行动者与人截然不同，因而它们在西方社会的伦理讨论中长期被忽视了。借用法国哲学家米歇尔·塞尔的"拟客体"概念，拉图尔进一步说明所谓的自然与社会、科学与政治等稳定的两极分化其实是拟客体运动的结果，看似截然分离的两极是一个由行动者组成的连续链条或者混合的网络。此外，行动者拥有的属性并非固定。在人与"非人"行动者组成的混合网络中，行动者的属性会随着关系网络的变化而变化，要考察这种属性必须了解整个网络的关系构成。最后，网络中的伦理关

[①] THADDEUS M, MILLER S C. Relational Ethics ［M］//LAFOLLETTE H. The International Encyclopedia of Ethics. Malden, MA: Wiley-Blackwell, 2016: 1-10.
[②] PLUMWOOD V. Feminism and the Mastery of Nature ［M］. London: Routledge, 2002: 83.
[③] HARAWAY D. A Cyborg Manifesto: Science, Technology, and Socialist-Feminism in the Late Twentieth Century ［M］//WEISS J, et al. The International Handbook of Virtual Learning Environments. Dordrecht: Springer, 2006: 117-158.

<<< 第六章　从机体哲学视角解读行动者网络理论的实际意义

系是相互适应和探索形成的。"盖亚 2.0"则既不坚持"人类中心主义",也不倾向于"非人类中心主义",而是主张一种"去中心化"的关系伦理,即行动者的权利应该放在特定的联系网络中看待,但这种关系是不确定的,需要相互适应和彻底探索,才能达到一个秩序井然的状态。例如,在肯尼亚就出现了人、大象、奶牛、农作物和狩猎游客共存的局面。[1]

　　拉图尔提出的解决生态问题的关系伦理有其独特优点。首先,拉图尔的关系伦理致力于消除生态伦理中二元论的思考方式的弊病,因为这种思考方式总是致力于支持某种优势:男性胜于女性,人胜过自然,理性胜于感性,意识胜于躯体,客观胜于主观。而关系伦理的观点意味着要避免简单的抽象论断,因为简单的抽象无法认识到人与大自然丰富的多样性。其次,关系伦理的观点将人和"非人"行动者都视为网络的一部分,所有的行动者都具有行动能力。人不再能够随意支配"客体","非人"行动者也通过行动能力反馈给人,所以人必须学会和"非人"行动者和平共处。最后,运用关系伦理的立场可以成功地"兼容"以往的一些伦理观点,并具有更广泛的解释力。例如,主张人类中心主义的伦理学家强调保护珍稀动物如鲸鱼、大象和熊猫时,是出于它们对人的经济等价值,这种囿于人类利益的立场容易遭到环保人士的批判;而提倡动物的福利和权利的伦理学家往往强调动物的"内在"价值,但在说明这种"内在价值"的来源以及是什么的问题上却有困难。如果按照关系伦理的立场,经济价值和"内在"价值并非绝对的独立价值,动物的价值存在于人类和动物(或者说"非人"行动者)的构成关系中,人和动物的价值本身就是相互渗透的,无法分割开来进行说明。因此,保护动物就是维护整个关系网络的平衡,而非仅仅为了动物或者仅仅为了人。此外,这种关系的解释更加具有情境性,它能够说明为何针对不同发展程度的国家和地区,必须坚持不一样的生态环保标准,如前面提到对大象的保护在发达国家和发展中国家就必须区别对待。

　　拉图尔的关系伦理观念也面临一定挑战,因为笼统地谈论关系未必解决

---

[1] LATOUR B. Politics of Nature: How to Bring the Sciences into Democracy [M]. Boston: Harvard University Press, 2004: 170.

实际问题。在实际的生态环境保护运动中，自然与人的边界正变得逐渐模糊，但一些二元论的核心观念仍然在发挥着重要作用，如人们通常提到的"保护自然"等口号，公众很容易接受这样的宣传。在梭罗等环保主义倡导者看来，独立于人的世界是非常有意义的，因为它们不仅是人类创造意义的一部分，而且给人类节制行为提供了独特的道德资源。① 拉图尔在关系伦理基础上进一步提出"物的议会"的主张，作为解决生态保护问题的伦理对策。

三、"物的议会"及相应的生态伦理对策

（一）"物的议会"的含义及其架构

拉图尔的"物的议会"的主张源于对"人类世"中自由与必然关系的新理解。"'人类世'这个词表明，在盖亚和人类之间有一条莫比乌斯带：你永远不知道谁是谁，你在里面还是外面，是人类还是'非人'行动者。"② 人类世还将"地月空间"（earth-moon space）与"月外空间"的差异重新确定，因为地球和太阳系中其他行星是有质的区别的，人类必须将目光投入盖亚以及关键带上。但"人类世"这一概念也有其缺陷，美国芝加哥大学历史系教授查克拉巴蒂（Dipesh Chakrabarty）认为，在政治上推动生态问题的所有困难都源于长期地质历史和短期人类历史之间的不可通约性。③ 长期以来，理论家都没有在自由（社会）领域和必然（自然）领域之间建立起连续性，人类世概念的提出也没有解决这个难题。"人类世的'人类'太抽象，无法将自由和自治的法律和社会问题真正地叠加在地球的生存条件上。"④ 拉图尔另辟蹊径，认为人类世中的"自由"（freedom）应该被理解为"自治"（autonomy），

---

① KEELING P. Does the Idea of Wilderness Need a Defence？［J］. Environmental Values，2008，17（4）：505-519.
② LATOUR B. Gaia or Knowledge without Spheres［M］//SCHAFFER S，TRESCH J，GAGLIARDI P. Aesthetics of Universal Knowledge. Cham：Palgrave Macmillan，2017：169-201.
③ CHAKRABARTY D. The Climate of History：Four Theses［J］. Critical Inquiry，2009，35（2）197-222.
④ LATOUR B. We don't seem to live on the same planet［EB/OL］. Bruno-Latour，2019-01-28.

<<< 第六章 从机体哲学视角解读行动者网络理论的实际意义

自治即行动者遵守自己制定的规则或法律的能力，这样可以为生态政治提供一个共同的基础。① 在盖亚系统内部，每个行动者并非被某种外部法则或规律支配，他们遵守的法则或规律来源于他们拥有的行动能力，"洛夫洛克和马古利斯共同努力引入地球的概念的新奇之处在于赋予所有生命形式历史性和行动能力，也就是说，把创造在时间上持久和在空间上扩展的条件的任务归于生命形式本身"②。从这个意义上来说，自然界中的规则与人类世界中的规则都不是由外界制定的，而是盖亚系统中行动者相互影响、相互适应、相互改造的结果，"自由领域"与"必然领域"在这里达成了统一，它们都是行动者互动的结果，而不是互动的前提。所以，拉图尔所说的盖亚学说远远不是一个在临时的整体主义视角下重新召集传统中"自然"的稳定场所，而是试图体现出所有不同类型行动者的行动能力的集合体。

正是为了落实这种自由领域和必然领域的统一，拉图尔提出了建立新的"气候政权"，其核心是给"非人"行动者一个进入生态代议制的"席位"，组成"物的议会"，通过讨论协商机制形成共同遵守的规则或法律以实现"自治"。在拉图尔看来，现代性影响下的"人类"（human）概念是基于人与自然二元对立的概念提出的，没有考虑到所有行动者的行动能力，"非人"行动者的代表性是缺乏的，地球上的人必须考虑盖亚中所有行动者的行动能力，将"非人"行动者纳入气候政权中来。③ "物的议会"可以解决这种代表性缺乏的问题，从而结束长期两极的对立，实现自由领域和必然领域的统一。

在《自然的政治》一书中，拉图尔详细阐述了"物的议会"的组成框架。（见图 6-1）

拉图尔认为旧的代议制系统分为"社会之院"和"自然之院"，它们共同具有"困惑"（perplexity）、"磋商"（consultation）、"等级"（hierarchy）和"机制"（institution）的功能。但旧的代议制系统是二元分离的："困惑"

---

① LATOUR B, LENTON T M. Extending the Domain of Freedom, or Why Gaia Is So Hard to Understand [J]. Critical Inquiry, 2019, 45 (3): 659-680.
② LATOUR B, LENTON T M. Extending the Domain of Freedom, or Why Gaia Is So Hard to Understand [J]. Critical Inquiry, 2019, 45 (3): 659-680.
③ LATOUR B. Facing Gaia: Eight Lectures on the New Climatic Regime [M]. Cambridge: Polity Press, 2017: 229.

和"机制"属于事实的部分,而"磋商"和"等级"属于价值的部分;"困惑"和"机制"在传统上与科学联系在一起,而"磋商"和"等级"则被认为与政治有关,这两部分被分别表征造成了事实和价值的截然分离。这种分离会导致两个问题:一是不能正确识别"非人"行动者,使得其长期缺位不能"发声";二是人类不能建构和"非人"行动者长期共存的秩序。在新的生态代议制度中,拉图尔将这四种功能重新排序,属于事实世界的"困惑"与属于价值世界的协商被安排给了第一院,同样属于事实世界的制度与属于价值世界的等级则被安排给了第二院,这样将事实和价值的对立变成了"考量权"(taking into account)和"排序权"(arranging in rank order)的区别。[①]"考量权"使得识别和代表"非人"行动者"发声"不再成为科学家的特权,而成了网络中所有人的共同识别和"发声";"排序权"也使得伦理考量和制定新秩序成为一个公共议题,不再被经济学家和伦理学家垄断。

	新式两院	旧式两院
	自然之院 事实	社会之院 价值
第一院:加以考量	困惑　　1	2　　磋商
第二院:加以排序	机制　　4	3　　等级

图 6-1　两种不同的生态代议制度[②]

以朊病毒为例,它是一种被怀疑破坏牛的大脑并导致疯牛病(或 BSE,牛海绵状脑病)的传染性颗粒。在旧有的分工中,科学家们用来解决"困惑"问题("感染的真正来源是什么?"),政客们试图寻找并咨询相关各方解决"磋商"问题("谁是问题的一部分,谁将成为解决方案的一部分?"),伦理

---

① LATOUR B. Politics of Nature: How to Bring the Sciences into Democracy [M]. Boston: Harvard University Press, 2004: 114-115.
② LATOUR B. Politics of Nature: How to Bring the Sciences into Democracy [M]. Boston: Harvard University Press, 2004: 115.

第六章 从机体哲学视角解读行动者网络理论的实际意义

学家开展相关的道德讨论以建立"等级"("我们能接受动物被强制喂食不符合自然状态下的食物吗?"),经济学家制定"机制"("最佳的饲养和屠宰方案是什么?")。① 看似完美的解决方案在实践中却有明显的漏洞:第一,不能正确"识别"非人行动者。比如,科学家最初从实证主义的角度去确定病毒就难以成功,因为根据实证主义的科学划界,科学家习惯上认为人和动物先天的物种障碍使得疾病不可能共患。而实际情况是,该病毒是一种在特定的牛养殖网中产生的非常规蛋白,该病毒在网络中改变了特性,或者用拉图尔的话来说,"非人"行动者在网络中发生了"转译",这是科学家通过科学实证知识不可能单独了解的,科学家也无法代表"朊病毒"发声。② 在拉图尔看来,导致疯牛病出现的行动者网络,是由非人类行动者(朊蛋白、牛、实验室仪器等)和人类行动者(养牛农民、政府官员、专家等)共同组成的。所以识别某个"非人"行动者实际上具有双重属性:既是一个了解"非人"行动者的科学实证的过程,又是一个了解所有人类行动者的协商谈判的过程——事实和价值不能分开。这就要求必须将"困惑"和"协商"的权利统一起来。第二,无法制定出和"非人"行动者共存的合理秩序。即使识别了该病毒,伦理学家也无法做到单独排序后送给经济学家进行最终处理,因为伦理上的考量和解决措施的提出是同一个过程,其中牵涉到公共协商。比如,法国每年有 8000 人死于与汽车有关的交通事故,但在实际的协商中,并不是伦理学家单独将其排序,而是广泛讨论的结果:人们将死亡人数和保障交通畅通的利益相比较,认为前者并不是很重要,在议会讨论中排除这个议程。③ 所以,要制定新的秩序同样也是一个事实的讨论和价值评估的统一,这就要求必须将"等级"和"机制"统一起来。

而在新的生态代议制度中,所有职业都必须同时谈论四个领域所有的事务,每种情况下都必须使用属于自己的不同技能。比如,面对朊病毒,来自

---

① LATOUR B. Politics of Nature: How to Bring the Sciences into Democracy [M]. Boston: Harvard University Press, 2004: 111.
② 江卫华, 蔡仲. 风险概念之演变:从贝克到拉图尔 [J]. 自然辩证法通讯, 2019, 41 (5): 103-109.
③ LATOUR B. Politics of Nature: How to Bring the Sciences into Democracy [M]. Boston: Harvard University Press, 2004: 124.

生物学家、政府官员、育种家、兽医、消费者和伦理学家的声音都需要在集体磋商和决策过程中得到倾听，从而形成一种联合警戒的状态。最终的结果是：农业部门因此而改组，快速检测方法得以研制，屠宰前的检测成为普遍制度，等等。联合国政府间气候变化专门委员会（IPCC）也是类似的例子，即召集石油工业游说团、珊瑚礁专家、在印度尼西亚丛林生活的人、政治经济学家、景观生态学家等所有发言人在同一屋檐下开会。[1] 在这个过程中，"非人"行动者不再仅仅被科学家所代表，而是涉及和"非人"行动者打交道的所有人类行动者，他们都有足够的权力代表"非人"行动者发声。

在从事"盖亚理论"的研究中，拉图尔进一步发展了"物的议会"的主张，提出要建立新的气候政权。"盖亚假说"的提出者英国科学家詹姆斯·洛夫洛克认为盖亚并非一个统一体，而是由生命的部分和无生命的部分组成的一个系统。[2] 拉图尔也认为盖亚实际上是由不同类型的行动者组成的异质性网络，由于这种混合体特性，它既无法被单一的规律支配，又不能被纯粹的政治势力所能左右——这意味着没有任何现代制度中的角色可以登上"人类世"这个新的地球舞台，我们不得不关注其他组成世界的方式。拉图尔将盖亚影响下的"人类"（human）称为"地面人"（earthbound）。这个名字有双重属性：它定义了那些只能被束缚在地球上的人，他们必须接受这一限制；同时他们也是扎根于地面而展开探索之旅的人。拉图尔认为作为地面人必须学会和"物的议会"中的"物"打交道，要达成这一点就必须贯彻"物的议会"中提倡的"民主协商"的原则。

拉图尔关于"物的议会"的主张，对解决生态伦理领域的实际问题具有很强的启发意义和借鉴价值。"物的议会"倡导对话与协商机制，有助于建立人与"非人"行动者之间的和谐关系。在人与"非人"行动者构成的关系网络中，每一个行动者都有其自身的生机与活力。如果某一部分或者某个行动者出现非常的地迅速生长，势必会过量吸收其他部分或行动者的能量和资源，

---

[1] LATOUR B. Politics of Nature：How to Bring the Sciences into Democracy [M]. Boston：Harvard University Press，2004：65.
[2] LATOUR B，LENTON T M. Extending the Domain of Freedom, or Why Gaia Is So Hard to Understand [J]. Critical Inquiry，2019，45（3）：659-680.

破坏关系网络内部的平衡。因此，必须强调行动者之间公平的原则，强调关系网络中各个部分或行动者之间享有平等权利，形成合理秩序。如果仅仅重视人的生机与活力，忽视其他行动者的生机与活力，就会导致整个系统的紊乱甚至崩溃。对话协商机制的功能在于让所有行动者合理地享有发展机遇，使得整个行动者网络能够合理、有序地运行。

此外，生态治理中必须注重科学专业知识运用的民主问题。"物的议会"要求生态治理必须以一种公开方式来审视自然知识建构中的所有意外和不确定因素，而旧有的代议制难以解决普通群众的呼声和专家提出的"客观数据"之间可能出现的紧张关系，如全球变暖、核废料处理等。在生态治理中过度强调治理者专业化，可能导致话语权落在少数生态专家手中，因此，拉图尔认为生态保护的重点不是将一种抽象的自然从人类影响中拯救出来，而是打破人与"非人"行动者之间的界限，将他们的行动能力、角色和权力关系进行重新分配。为有效解决生态治理中科学专业知识的民主问题，"物的议会"主张必须打破专业知识之间、专家和民众之间的隔离，将"物"纳入新的议会中，在协商中达成一致。

（二）机体哲学与"物的议会"的方案

尽管"物的议会"的主张有助于推进生态治理方面思想领域和实践领域的进步，但对"物的议会"的质疑从未停止。首先，"物的议会"代表的有效性问题。正如本书在第六章第二节第三目中阐述的那样，由于"民主"评价标准本身就涉及代表有效性的问题，作为具体的实施标准的"物的议会"也同样面临这样的问题，并且"物的议会"没有有效的机制排除不合格的代表。拉图尔认为一个好的科学家能够代表"非人"行动者说话，因为"责任实质上与诉求相对应"。他说，"科学家完全有能力让一只鸡表达它的愿望，以便知道它是喜欢一厘米的铁丝网还是三厘米的铁丝网，因为鸡会死去或失去它的羽毛"[1]。法国学者克里斯托弗·沃特金（Christopher Watkin）认为，这个机制是一个进步方案但并非一个完美方案，如果小鸡们认为代理人的工

---

[1] LATOUR B, GODMER L, SMADJA D. The Work of Bruno Latour: An Explanatory Political Thought [J]. Raisons Politiques, 2012, 47 (2012): 115-148.

作做得不好，显然鸡不会把代理人赶出去。[1] 其次，"物的议会"是否能得出实质性的成果。"物的议会"的方案最终可能导致人与"非人"行动者的代表只是争吵，而不能达成一致性的意见。国内学者夏永红也认为拉图尔的"生态代议制"思想面临这方面的困境。[2] 美国学者怀特塞德提出，"物的议会"要解决这个困难必须有一个决策规则，但这种规则不应该等同于拉图尔所提出的"困惑"机制，应建立一种能够以一定方式计票的稳定议会。[3]

面对以上这些质疑，拉图尔也曾经做出过一些回应，他在接受加拿大学者艾琳·曼宁（Erin Manning）和加拿大哲学家布莱恩·马苏米（Brian Massumi）采访时坚称，如果"物的议会"有什么困难，那也不是要代表哪些利益的问题，而是要解决我们缺乏代表性的模式的问题。[4] 拉图尔承认"物的议会"是一个纲领性的方案，而不是一个非常细化的方案，它的中心议题以解决"非人"行动者的代表性问题为出发点，其他问题涉及太少。

从机体哲学角度看，以上学者的质疑分析的角度大都是从西方政治学出发，基本上都停留在对"物的议会"的代表性和运行机制上，或是停留在"就议会机制谈议会机制"上，缺乏对"物的议会"方案缺陷的深层次的探讨。"物的议会"之所以会出现这些缺陷，其原因在于：第一，拉图尔的"物"从机体哲学角度看可以分为"人工机体""社会机体""精神机体"，各类机体之间有着整体性的、动态的、隐蔽的有机联系。每个地区和国家的社会生活的各种特征之间存在相互依存的关系，西方国家的"协商"传统如果强行移植到不具备条件的国家只能适得其反；拉图尔的"物"与"人"不是平权的，"物"的"生机"是由人类注入的，并且不能脱离"人"独立存在，更不能通过靠赋予这些"物"以宪法权力而引起人们重视。第二，拉图尔缺乏有效识别"物"和增强"物"的代表性的方法。拉图尔虽然提出要解决代

---

[1] WATKIN C. French Philosophy Today: New Figures of the Human in Badiou, Meillassoux, Malabou, Serres and Latour [M]. Edinburgh: Edinburgh University Press, 2016: 197.

[2] 夏永红. 迈向没有大自然的生态学 [J]. 理论月刊, 2018 (3): 45-51.

[3] WHITESIDE K H. Divided Natures: French Contributions to Political Ecology [M]. Cambridge: Mit Press, 2002: 140.

[4] WATKIN C. French Philosophy Today: New Figures of the Human in Badiou, Meillassoux, Malabou, Serres and Latour [M]. Edinburgh: Edinburgh University Press, 2016: 195.

表性的问题,但是辨别网络中的所有"物"无疑要耗费大量的时间,因为网络中的"物"从理论上来讲是无穷的;如果任何处于网络之内的"物"都要在形式上做到平等发声,无疑是缺乏效率并且没有必要的。由于以上的原因,他企图用议会机制解决各类机体之间的矛盾关系问题是难以实现的,所以拉图尔的"物的议会"难以操作。要弥补以上的缺陷,必须做到以下三点。

第一,运用机体分析的方法对"物"的特征、价值和地位进行有效识别。一是要将网络中的"物"的特征进行有效识别。"物的议会"所强调的是要让"物"能够"发声"。本书在第六章第一节第一目中已经阐述过机体哲学的网络分析的方法,就是使网络中的"物"从"遮蔽"状态中呈现出来。在进行全球生态保护的实践中不能只盯着"在场"网络中的人和物,还要将生态问题置于关系网络中,将"不在场"的"物"还原出来。二是要区分网络中的"物"的不同价值和地位,如核心行动者、主要行动者和共同行动者,来增强其代表性。基于中国文化背景的机体哲学从机体的"生机"角度来识别机体内部和外部关系网络中的行动者或"物"的要素,表明在影响机体整体的"生机"方面发挥更明显作用的行动者或"物"的要素具有更重要的价值。例如,在处理温室效应的问题上,按照拉图尔的说法,凡是影响温室效应的"人"与"物"都要参与其中,这样做的结果是范围极广且很难有效率。如果按照"生机"的标准,造成温室效应的主要行动者(如碳排放量很大的企业)、能够大幅度减弱温室效应的行动者(如环保技术代表、各国政府中相关管理人员、环保组织等),以及温室效应的最直接、最严重的受害者(如极端天气影响下的居民、低海拔已经被海平面上升波及的地区、代表北极动物"发声"的动物学家等)则是最具有代表性的,这样区分出来的行动者既具有代表性,又能够提高"物的议会"的效率。

第二,"物的议会"要实现各个地区的"本土化",必须重视各种机体存在的特定环境和地区性因素的影响。[①]拉图尔所设想的"物的议会"的"议会协商"机制,在西方社会的实施有其隐蔽的环境条件和依存因素,这种隐蔽的环境条件和依存因素并不一定适合其他国家和地区尤其是发展中国家和

---

① 王前. 从机体分析视角研究"中国道路"[N]. 中国社会科学报,2014-08-04(6).

地区的具体情况。必须以不同地区各类机体稳定有序发展为前提，进行环境保护和治理方案的改进，才能保证各种机体的"生机"与活力。简单宣传某种方案的"普适性"而机械地移植照搬，肯定会由于环境条件和依存因素差异影响而以失败告终。基于中国文化背景的机体哲学对"生机"的关注，强调机体演化的价值考量要注重"整体性"原则、"顺应自然"原则和"大我"原则，都是从各类机体存在与演化的具体情境和特征出发的。[1] 这一思路有助于在考虑一般性时兼顾特殊性。例如，在巴西、津巴布韦等拥有大量珍贵动植物资源的国家，就不能盲目照搬西方国家的环保标准，否则会造成权利与义务"失衡"的局面。巴西热带雨林屡遭砍伐的一个重要原因，就是其民众的生存和发展权长期没有得到西方国家的尊重（西方一些国家屡次承诺的帮助并没有兑现）[2]，并且该国本身作为发展中国家也没有能力去维持高生态的标准，反而长期由于缺乏话语权遭到欧美一些国家的"生态谴责"。[3] 所以，尚处于发展中的国家和地区的生态环境保护必须建立在发展、合作与共赢的基础之上。

第三，我国的"人与自然生命共同体"理念，对分析拉图尔"物的议会"方案的价值和问题具有重要的启发意义。"人与自然生命共同体"理念的提出，是我国近年来大力倡导的"人类命运共同体"理念的进一步发展。我国多年来致力于推动"一带一路"倡议，就是推动周边以及亚太国家合作共赢，在解决深层次的发展问题基础上更好地应对生态治理问题，这是一种可持续的发展模式。"人类命运共同体"理念坚持"环境正义"的主张，来落实协商治理。具体来说，就是坚持"共同但有区别的责任原则""公平原则"和"各自能力原则"。在发展中国家履行生态治理义务的同时，也要求发达国家给予发展中国家应对气候变化能力的资金和技术支持。[4] "人类命运共同体"理念并未直接涉及"物的议会"的运作问题，但在理解"人类命运"的

---

[1] 王前，刘洪佐. 机体哲学视域下基因编辑技术的伦理反思［J］. 伦理学研究，2020（2）：108-113.
[2] 吕银春. 巴西的经济发展与生态环境保护［J］. 拉丁美洲研究，1992（4）：45-46，56.
[3] 张凯. 亚马孙热带雨林发生森林大火［J］. 生态经济，2019，35（10）：1-4.
[4] 习近平. 论坚持推动构建人类命运共同体［M］. 北京：中央文献出版社，2018：376.

时候并未将"自然"与"社会"对立起来,也没有将"事实"与"价值"对立起来,而是从二者之间有机联系的角度理解"人类命运"整体上面临的挑战。"共同体"的理念一方面承认环境治理中磋商和等级的必要性,另一方面承认在认识人与自然的关系方面困惑的存在,以及建立治理机制的现实需要。在"人类命运共同体"理念中,不会无视"物"的因素的存在,但强调通过不同国家、地区、人群的共识与协商,以制度化的方式落实环境保护的责任,建立人与自然共生共存的秩序,这样就使得社会网络中所有人共同为自然"发声",也使得伦理考量和制定新秩序成为一个公共议题。这些措施并没有依靠难以实际操作的新的生态代议制,而是努力以国际组织的准则、条约和协定作为基础,确定具有广泛认可生态治理的目标,将各国应承担的生态治理责任明确表达出来,形成一定程度的国际共识。

习近平总书记在党的十九大报告中提出,"人与自然是生命共同体,人类必须尊重自然、顺应自然、保护自然","我们要建设的现代化是人与自然和谐共生的现代化"。[①] 这一表述是"人类命运共同体"理念的进一步深化。2021年4月24日,习近平总书记在领导人气候峰会上的重要讲话中,首次提出构建"人与自然生命共同体"的目标,还强调必须做好"六个坚持",即坚持人与自然和谐共生,坚持绿色发展,坚持系统治理,坚持以人为本,坚持多边主义,坚持共同但有区别的责任原则。[②] 在"人与自然生命共同体"理念中,将"自然"放到与人类共生的位置上,这本身就是在为"自然""发声"。正如宫长瑞和刘夏怡所指出的,"人与自然生命共同体"本身就是针对生态伦理当前存在的"遗忘""虚无""缺位""乏力"等问题提出来的,要实践这种理念就必须跳出"资本逻辑"的窠臼,重新审视人与自然的关系。[③] "人与自然生命共同体"理念注重不同方面、层次的综合治理,这对缺乏可操作性的"物的议会"有极强的启发意义。张鹫和李桂花提出"人与自

[①] 习近平. 决胜全面建成小康社会 夺取新时代中国特色社会主义伟大胜利:在中国共产党第十九次全代代表大会上的报告 [N]. 人民日报, 2017-10-28 (1).
[②] 王青, 崔晓丹. 人与自然是共生共荣的生命共同体 [N]. 学习时报, 2018-05-16 (2).
[③] 宫长瑞, 刘夏怡. 人与自然生命共同体的生态伦理向度 [J]. 理论导刊, 2021 (1):85-90.

然生命共同体"具有主体承认、情感承认、价值承认和制度承认四重承认意蕴。"人与自然生命共同体"在承认人类合理开发利用自然的前提的基础上,划定了人类活动的活动范围,并以"生态环境立法、环境巡视制度等法律承认方式强制人类保持与自然的良性互动"①,这显然是拉图尔"物的议会"方案难以包括的。二是要在合作和共赢的新模式中解决生态问题。"人与自然生命共同体"理念不仅坚持世界各国在解决全球性问题进程中的共同参与和广泛合作,坚持构建新型的国际关系,来解决共同面临的问题,还强调从"人与自然是生命共同体"的视角出发,全面处理国际生态治理的难题。当前国际生态治理之所以面临许多困境,其根源是国家之间旧有的"零和博弈"规则在起作用。"只有世界发展,各国才能发展;只有各国发展,世界才能发展。"②"人与自然生命共同体"理念作为全球生态治理的中国方案,积极利用国际现有的代表框架机制,致力于为广大发展中国家赢得话语权和发展权,用双赢模式替代"零和博弈",推动"环境正义",有助于解决生态环境治理中的代表性问题和共识性问题。在完善和发展这一理念的过程中,也需要充分借鉴和吸收生态伦理领域理论研究和实践中的思想资源。从这样一个角度看,拉图尔提出的"物的议会"主张,特别是其中的对话与协商机制和科学知识民主问题,仍然具有其重要价值,有必要进一步深入研究,充分揭示其生态伦理意蕴。

本章小结

从机体哲学角度解读行动者网络理论,具有重大的实际意义。第一,通过注重对"行动者网络"内部各种关系的考察以及"生机"考察,能够帮助我们更好地识别"行动者网络";第二,机体哲学能够更好地改进拉图尔关于网络的"好"与"坏"的标准,促进行动者网络内部以及不同行动者网络之

---

① 张鹭,李桂花."人与自然是生命共同体"的承认逻辑:意蕴、困境及构建路径[J].哈尔滨工业大学学报(社会科学版),2020,22(1):111-117.
② 习近平.论坚持推动构建人类命运共同体[M].北京:中央文献出版社,2018:192.

间的和谐，提高网络的生机与活力；第三，能够更好地促进人与"盖亚"和谐相处。拉图尔近些年将行动者网络理论运用到生态问题上并发展出了自己的"盖亚理论"，但拉图尔解决生态问题的"物的议会"方案面临着代表的有效性和议会能否得出实质性成果等问题。从机体哲学出发，能够更好地弥补拉图尔"盖亚理论"中的不足，并通过"人与自然生命共同体"的这一中国方案，给"物的议会"提供新的问题解决思路，来解决"物"的代表性和成效的问题。

第七章 结论与展望

第一节 结论

通过上述分析研究，本书得出以下结论：

(1) 拉图尔将人与"非人"行动者都看作具有行动能力的"行动者"，这一概念超越以往"主体"与"客体"概念的理解。此外，拉图尔还提出"铭写"机制认为行动者的行动能力来源于人将其目的"铭刻"进了"非人"行动者之中。在本书看来，拉图尔的"铭写"机制还不能真正解释行动者来源，行动者（特别是"非人"行动者）之所以会有行动能力，是因为行动者都有各自的"生机"，而"非人"行动者的"生机"是人类赋予的，它驱动着"非人"行动者的"行动"。"生机"在"非人"行动者的行动过程中，其作用分为输入、输出和反馈三个阶段，各有其不同特点。

(2) 拉图尔认为行动者网络具有两大特点：第一，网络具有时间和空间的特定属性。在空间上，行动者网络超越了空间的远近并且摆脱了空间内外的区分；在时间上，网络具有"不可逆"性。第二，网络具有"集体"的属性。行动者之所以要依靠网络而行动者，是因为行动者只有在网络中才能形成并维持其特定属性。本书认为，拉图尔对行动者网络的解读忽略了网络中蕴含的"生机"机制，并且缺乏从"关系"角度对网络特点的进一步挖掘。从"生机"机制出发，本书认为行动者之所以要结成网络来行动，是因为行动者只有在网络关系中才能够保持其特定属性，具备其行动能力，发挥其应有作用。网络不仅将行动者联系在一起，而且提供了行动者相互作用的途径和方式，使行动者的"生机"得以彰显。行动者网络具有"动态的稳定性"，即使某些行动者自身发生某种改变，他（或它）们之间的联系通道却可以保持不变，这是"行动者网络"能够抵御外部和内部各种干扰，并保持稳定属性的重要前提条件，而这种性质也是需要通过网络得以保持的。

（3）拉图尔认为行动者网络的演化机制是"转译"和"纯化"的统一。从机体哲学角度看，人类对行动者之间"转译"过程中有分化、协同和整体性方面的要求，这就是"行动者网络"演化的机制所在。而"转译说"忽视了这个前提，因此用这种理论阐释行动者网络的演化机制是不充分的。"非人"行动者发展的分化要求对应于拉图尔所说的"纯化"过程，协同要求对应于拉图尔所说的"转译"过程，而整体性要求引导分化与协同的平衡发展。

（4）本书认为从机体哲学角度解读行动者网络理论具有重大的实际意义。第一，能够帮助我们更好地识别"行动者网络"。从机体哲学角度看，识别"行动者网络"需要充分考虑行动者网络的内部关系与"生机"。第二，根据机体自身的特点来对网络进行管理等措施，能够更好地提高网络的生机与活力。第三，能够更好地促进人与"盖亚"和谐相处。从机体哲学出发，能够更好地弥补拉图尔"盖亚理论"中的不足。"人类命运共同体"理念作为生态治理的中国方案，对解决"物的议会"中存在的问题提供了新的思路。

第二节　创新点

1. 从机体哲学研究视角出发，指出"非人"行动者作为"人工机体""社会机体""精神机体"，其行动能力源于其拥有的"生机"，并提出了"生机"在"非人"行动者行动过程中的作用机制模型。

行动者网络理论的一个时常引起争议的新观点是"非人"行动者也具有行动能力，但很难合理解释这种行动能力的来源。本书运用中国文化背景的机体哲学的观点，指出人类与各种"非人"行动者的共性在于都是机体，都具有"生机"，即一种能够通过很小的投入获得显著收益的生长壮大态势。

"非人"行动者包括"人工机体""社会机体""精神机体"。当人们建构这些"非人"的机体时，已经将人类自身作为"生命机体"的"生机"以不同方式赋予这些机体，使之在各类机体相互作用时能够呈现为行动能力。拉图尔用"铭写"机制解释"非人"行动者行动能力的来源，正是这种"赋予"过程的反映，但是"铭写"的表述未能充分揭示行动能力的本质和赋予机制。

本书提出"生机"在"非人"行动者的行动过程中，其作用分为输入、输出和反馈三个阶段。在输入阶段，人类将自己的目的、意向、构建程序、材料、动力等要素作用于各种"非人"行动者，改变其内部结构，使之具有新的属性。在输出阶段，具有新的属性的各种"非人"行动者面对新的环境和作用对象，显现出新的功能，创造出远远超出输入阶段的新的价值和效益。在反馈阶段，新的功能为下一步输入创造了更好的条件，形成生长的循环往复。这种机体的结构与功能随着环境变化而发生的不断转换，就是"非人"行动者表现出来的行动能力。

2. 从机体哲学角度深入分析了行动者网络中各类行动者之间的关系，展示了行动者网络具有的传递"生机"功能的特性。

拉图尔从"关系实在论"的角度考察行动者网络中各类行动者之间的关系，认为行动者网络中各类行动者都具有"集体属性"，但这样的分析在机体哲学看来并不全面，其原因在于忽视了网络中各类行动者的"生机"机制。由于网络中的行动者都拥有"生机"，他（它）们共同构成了传递"生机"的行动者网络。网络不仅将行动者联系在一起，而且提供了行动者相互作用的途径和方式，使行动者的"生机"得以彰显。具体来讲：一方面，"行动者网络"中的各种关系是行动者得以存在的前提。某一个行动者的存在，不仅要体现其能够将"生机"传递给其他行动者，还要依赖于其他的行动者给他（或它）提供"生机"，保证其能够持续存在下去。另一方面，"行动者网络"中的基本关系具有动态稳定性。即使某些行动者自身发生某种改变，他（或它）们之间的联系通道却可以保持不变，这是"行动者网络"能够抵御外部和内部的各种干扰并保持稳定属性的重要前提条件，而这种性质也是需要通过网络得以保持的。如果行动者网络不能有效传递"生机"，其行动能力就会衰减，发展趋于停滞。

3. 指出行动者网络演化的动力来自人类将分化、协同和整体性要求不断转移到"非人"行动者之中，进而提出增强行动者网络的生机与活力的具体对策。

拉图尔提出"转译"和"纯化"是"行动者网络"演化的内在动力，从而造成了现代世界和"非现代"世界的区别。但"转译说"并未具体讨论人类对行动者之间"转译"过程中有关分化、协同和整体性方面的要求。"非人"行动者的结构和功能的不断分化，对应于"纯化"的过程，但需要创造出"非人"行动者新的发展空间，焕发新的"生机"。"非人"行动者发展的协同要求，对应于"转译"的过程，"转译"将分化出来的新的功能和结构按照协同的要求再组合、再联结，形成具有新的"生机"的行动者网络。整体性要求引导分化与协同的平衡发展，而"转译"和"纯化"的脱节正是整体性要求弱化的结果。拉图尔提出用"效益"标准和"民主"标准来衡量和提高行动者网络的能力，但这些标准没有突出整体上对行动者网络的生机与活力的考察。要增强行动者网络的生机与活力，需要开展相应的机体分析，建立人与"非人"行动者之间的协调机制，运用实践智慧引导行动者网络的健康发展，防止各种异化现象的发生。

第三节 展望

本书从机体哲学角度解析拉图尔的"行动者网络"理论，主要考察了"行动者行动能力的来源""行动者和行动者网络的关系"等问题。这方面研究能够更好地促进学者去研究行动者网络的机体特性，关注"关系"范畴在哲学发展中的重要性，给行动者网络理论发展注入新的生机，更好地促进学者开展中国学术视野的西方理论研究，从而促进学术思想交流和理论研究的深入。

关于行动者网络理论的机体哲学研究，至少还有两个可以继续深入展开的向度。一是生态伦理向度。拉图尔是一个涉猎范围极广的哲学家，最近他的研究重点转移到了"人类世"和"盖亚理论"，本书虽然在最后一章进行了初步探讨，但是还有很多需要进一步研究的问题，包括进一步论证关系伦理的合理性和应用途径，制定关系伦理的基本规则，等等。接下来的一个可能的研究方向，是吸收以往生态伦理学的思想资源，促进"人类世"这一大背景中的生态伦理发展。二是技术伦理向度。拉图尔在探讨人与"非人"行动者的互动时直接启发了荷兰学派的"道德物化"思想，但"道德物化"是植根于西方文化背景，更强调亚里士多德意义上的"实践智慧"，而中国文化背景的技术伦理则植根于"道"的传统。如何将"道"和"实践智慧"结合起来，发展当代的技术伦理，是一个值得深入探讨的方向。

要推动行动者网络理论和机体哲学相关方面的研究，今后还有必要继续关注拉图尔的研究重点的变化。拉图尔是一个多产的作家，每年都会写大量的文章，这都需要对其开展研究的学者随时跟进。拉图尔近期关注"人类世"问题，致力于思考如何解决全球环境问题，他提出的"物的议会"在学术界有一定的影响力，需要深入研究思考。要推动行动者网络理论研究的进一步深入，还需要进一步运用机体哲学的理论和方法。机体哲学具有独特的魅力。在以"生机"为逻辑起点的机体哲学视野中，"非人行动者"展现了以往被忽略的"机体"特征，带来了很多启发和值得进一步研究的问题。经历了这样一个研究视角的转变，有助于更深刻地理解行动者网络理论和机体哲学的内在联系。从机体哲学视角研究拉图尔的行动者网络理论，也是一种中西哲学的对话，因为二者背后的逻辑线索和知识背景是不同的。很多时候一些学者习惯于"就西方说西方"或者"用西方解析东方"，而中西哲学的对话则需要双向的解读，特别是需要立足中国文化的思想资源对现代西方哲学思想成果进行审视和反思。本书在运用基于"生机"的机体哲学解读拉图尔的行动者网络理论方面，只是进行了初步的探索，今后还需要不断深化已有的认识，跟踪学术研究的前沿进展，努力在这个方向上不断取得新的进展。

参考文献

一、中文参考文献

（一）专著

[1] 陈平．代谢增长论［M］．北京：北京大学出版社，2019．

[2] 金宏伟．国学经典藏书·儒家经典篇［M］．河南：郑州大学出版社，2017．

[3] 刘宇．实践智慧的概念史研究［M］．重庆：重庆出版社，2013．

[4] 罗嘉昌．从物质实体到关系实体［M］．北京：人民大学出版社，2012．

[5] 南怀瑾．论语别裁［M］．上海：复旦大学出版社，2012．

[6] 王前．"道""技"之间：中国文化背景的技术哲学［M］．北京：人民出版社，2009．

[7] 王前．生机的意蕴：中国文化背景的机体哲学［M］．北京：人民出版社，2017．

[8] 魏宏森，曾国屏．系统论：系统科学哲学［M］．北京：世界图书出版公司，2009．

[9] 习近平．论坚持推动构建人类命运共同体［M］．北京：中央文献出版社，2018．

[10] 徐长福．走向实践智慧［M］．北京：社会科学文献出版社，2008．

[11] 许慎．说文解字［M］．北京：中华书局，1963．

[12] 朱熹．四书集注［M］．长沙：岳麓书社，2004．

(二) 译著

[1] 阿西莫夫. 科技名词探源 [M]. 卞毓麟, 等译. 上海: 上海翻译出版公司, 1985.

[2] 安维复. 社会建构主义的"更多转向" [M]. 北京: 中国社会科学出版社, 2012.

[3] 芬伯格. 可选择的现代性 [M]. 陆俊, 严耕, 等译. 北京: 中国社会科学出版社, 2003.

[4] 怀特海. 过程与实在 [M]. 杨富斌, 译. 北京: 中国城市出版社, 2003.

[5] 霍兰. 隐秩序: 适应性造就复杂性 [M]. 周晓牧, 等译. 上海: 上海科技教育出版社, 2000.

[6] 拉图尔. 科学在行动: 怎样在社会中跟随科学家和工程师 [M]. 刘文旋, 郑开, 译. 北京: 东方出版社, 2005.

[7] 拉图尔. 巴斯德的实验室: 细菌的战争与和平 [M]. 伍启鸿, 陈荣泰, 译. 台北: 群学出版有限公司, 2016.

[8] 拉图尔. 我们从未现代过: 对称性人类学论集 [M]. 刘鹏, 安涅思, 译. 苏州: 苏州大学出版社, 2010

[9] 拉伍洛克. 盖娅时代: 地球传记 [M]. 肖显静, 范祥东, 译. 北京: 商务印书馆, 2001.

[10] 列宁. 列宁全集: 第38卷 [M]. 北京: 人民出版社, 1965.

[11] 马克思. 机器、自然力和科学的应用 [M]. 北京: 人民出版社, 1978.

[12] 皮克林. 实践的冲撞: 时间、力量与科学 [M]. 邢冬梅, 译. 南京: 南京大学出版社, 2004.

[13] 温纳. 自主性技术: 作为政治思想主题的失控技术 [M]. 杨海燕, 译. 北京: 北京大学出版社, 2014.

[14] 西斯蒙多. 科学技术学导论 [M]. 许为民, 孟强, 崔海灵, 等译. 上海: 上海世纪出版集团, 2007.

[15] 伊德. 技术与生活世界: 从伊甸园到尘世 [M]. 韩连庆, 译. 北京: 北京大学出版社, 2012.

（三）期刊

[1] 白列湖. 协同论与管理协同理论 [J]. 甘肃社会科学, 2007 (5).

[2] 蔡仲. STS: 从人类主义到后人类主义 [J]. 哲学动态, 2011 (11).

[3] 常照强, 王莉. 当 ANT 遇上历史唯物主义: 追问拉图尔反批判误区的根源 [J]. 科学与社会, 2020, 10 (3).

[4] 成素梅. 拉图尔的科学哲学观: 在巴黎对拉图尔的专访 [J]. 哲学动态, 2006 (9).

[5] 塞雷苏埃尔, 马诗桦. 论布鲁诺·拉图尔的技术哲学 [J]. 自然辩证法通讯, 2020, 42 (1).

[6] 范电勤, 廖呈钱. 我国"活取熊胆"的法律规制探讨 [J]. 江汉大学学报（社会科学版）, 2015, 32 (5).

[7] 高小青, 韩润春. 诺基亚帝国的衰败 [J]. 河北联合大学学报（社会科学版）, 2013, 13 (5).

[8] 宫长瑞, 刘夏怡. 人与自然生命共同体的生态伦理向度 [J]. 理论导刊, 2021 (1).

[9] 郭俊立. 巴黎学派的行动者网络理论及其哲学意蕴评析 [J]. 自然辩证法研究, 2007 (2).

[10] 韩刚, 杨波. 国内几种三聚氰胺工艺技术简介 [J]. 氮肥技术, 2014, 35 (3).

[11] 韩连庆. "解释的弹性"与社会建构论的局限: 对"摩西天桥"引起的争论的反思 [J]. 自然辩证法研究, 2015, 31 (1).

[12] 贺建芹. 激进的对称与"人的去中心化": 拉图尔的非人行动者能动性观念解读 [J]. 自然辩证法研究, 2011, 27 (12).

[13] 江卫华, 蔡仲. 风险概念之演变: 从贝克到拉图尔 [J]. 自然辩证法通讯, 2019, 41 (5).

[14] 米切姆. 布鲁诺·拉图尔在中国: 主旨与问题（英文）[J]. 自然辩证法通讯, 2020, 42 (1).

[15] 普雷斯顿, 王爱松. 多元人类世: 打碎一种总体化话语 [J]. 国际社会科学杂志（中文版）, 2018, 35 (4).

[16] 李春娟. 方东美生命哲学阐释 [J]. 南京林业大学学报（人文社会

科学版），2006（1）.

［17］李峰，肖广岭. 基于 ANT 视角的产业技术创新战略联盟机制研究：以闪联联盟为例［J］. 科学学研究，2014，32（6）.

［18］李钧鹏. 何谓权力：从统治到互动［J］. 华中科技大学学报（社会科学版），2011，25（3）.

［19］李田. 科学争论解决的修辞学模式［J］. 宁夏社会科学，2010（4）.

［20］李雪垠，刘鹏. 从空间之网到时间之网：拉图尔本体论思想的内在转变［J］. 自然辩证法研究，2009，25（7）.

［21］李志超. 機发论：有为的科学观［J］. 自然科学史研究，1990（1）.

［22］刘鹏，蔡仲. 法国科学哲学中的进步性问题［J］. 哲学研究，2017（7）.

［23］刘鹏，李雪垠. 拉图尔对实践科学观的本体论辩护［J］. 自然辩证法通讯，2010，32（5）.

［24］刘鹏. 20 世纪法国科学哲学的三个主题［J］. 自然辩证法研究，2018，34（3）.

［25］刘鹏. 拉图尔后人类主义哲学的符号学根基［J］. 苏州大学学报（哲学社会科学版），2015，36（1）.

［26］刘鹏. 生活世界中的科学：拉图尔《实验室研究》的方法论与哲学立场［J］. 淮阴师范学院学报（哲学社会科学版），2014，36（1）.

［27］刘鹏. 现代性的本体论审视：拉图尔"非现代性"哲学的理论架构［J］. 南京社会科学，2014（6）.

［28］刘世风. 相对主义与实在论之间：拉图尔的关系主义分析［J］. 自然辩证法通讯，2010，32（1）.

［29］刘文旋. 从知识的建构到事实的建构：对布鲁诺·拉图尔"行动者网络理论"的一种考察［J］. 哲学研究，2017（5）.

［30］刘晓力. 科学知识社会学的集体认识论和社会认识论［J］. 哲学研究，2004（11）.

［31］刘永谋. 关注法国技术哲学［J］. 自然辩证法通讯，2020，42

（11）.

［32］刘志刚．汽车发展史简述［J］．汽车运用，2000（12）.

［33］吕银春．巴西的经济发展与生态环境保护［J］．拉丁美洲研究，1992（4）.

［34］麦永雄．光滑空间与块茎思维：德勒兹的数字媒介诗学［J］．文艺研究，2007（12）.

［35］麦永雄．将科学带入政治：拉图尔"政治生态学"思想初探［J］．马克思主义与现实，2016（2）.

［36］孟强．拉图尔论"非现代性"［J］．社会科学战线，2011（9）.

［37］孟强．认识论批判与能动存在论［J］．哲学研究，2014（3）.

［38］孟强．斯唐热的科学划界观［J］．哲学分析，2018，9（1）.

［39］彭小花．科学公信力的危机与重建：以美国艾滋治疗行动主义者运动为例［J］．自然辩证法通讯，2008（1）.

［40］邱德胜．科学知识的不同建构理论：兼议异质建构论与实践建构论的比较［J］．中国人民大学学报，2013，27（4）.

［41］孙宇伟．论福山"美国政治衰败论"的实质［J］．当代世界与社会主义，2018（1）.

［42］孙云霏．物质、转义、述行：意识形态的认知结构与语言机制：论保罗·德曼的美学意识形态理论［J］．深圳社会科学，2020（3）.

［43］汪行福．复杂现代性与拉图尔理论批判［J］．哲学研究，2019（10）.

［44］汪民安．物的转向［J］．马克思主义与现实，2015（3）.

［45］王程韡．"技术"哲学的人类学未来［J］．自然辩证法通讯，2020，42（11）.

［46］王德利，高莹．竞争进化与协同进化［J］．生态学杂志，2005（10）.

［47］王立志．怀特海的"摄入"概念［J］．求是学刊，2013，40（5）.

［48］王前，陈佳．"行动者网络理论"的机体哲学解读［J］．东北大学学报（社会科学版），2019，21（1）.

［49］王前，刘洪佐．机体哲学视域下基因编辑技术的伦理反思［J］．伦

[50] 王前，刘欣 . 基于关系网络的直觉思维探析 [J]. 自然辩证法研究，2019，35（4）.

[51] 王前，于雪 . 西方机体哲学的类型分析及其现代意义 [J]. 自然辩证法研究，2016，32（4）.

[52] 王前 . 从机体分析视角研究"中国道路" [N]. 中国社会科学报，2014-08-04（A06）.

[53] 王前 . 关于"机"的哲学思考 [J]. 哲学分析，2013，4（5）.

[54] 王前 . 如何发展有中国特色的技术哲学？ [J]. 哲学动态，2021（1）.

[55] 王前 . 以"生机"为逻辑起点的机体哲学探析 [J]. 武汉科技大学学报（社会科学版），2017，19（5）.

[56] 吴莹，卢雨霞，陈家建，等 . 跟随行动者重组社会：读拉图尔的《重组社会：行动者网络理论》[J]. 社会学研究，2008（2）.

[57] 吴永忠，贲庆福 . 拉图尔的技性科学观考察 [J]. 长沙理工大学学报（社会科学版），2013（5）.

[58] 夏永红 . 迈向没有大自然的生态学 [J]. 理论月刊，2018（3）.

[59] 肖雷波 . 后人类主义视角下的环境管理问题研究 [J]. 自然辩证法研究，2013，29（9）.

[60] 邢冬梅，毛波杰 . 科学论：从人类主义到后人类主义 [J]. 苏州大学学报（哲学社会科学版），2015，36（1）.

[61] 邢冬梅 . 科学与技术的文化主导权之争及其终结：科学、技术与技科学 [J]. 自然辩证法研究，2011，27（9）.

[62] 杨庭硕 . 生态治理的文化思考：以洞庭湖治理为例 [J]. 怀化学院学报，2007（1）.

[63] 姚建华，徐偲骕 . 新"卢德运动"会出现吗？——人工智能与工作/后工作世界的未来 [J]. 现代传播（中国传媒大学学报），2020，42（5）.

[64] 于雪，王前 . 人机关系：基于中国文化的机体哲学分析 [J]. 科学技术哲学研究，2017，34（1）.

[65] 张本 . 鄱阳湖区的生态经济 [J]. 江西社会科学，1983（1）.

[66] 张道民. 论整体性原理 [J]. 科学技术与辩证法, 1994 (1).

[67] 张华夏. 广义价值论 [J]. 中国社会科学, 1998 (4).

[68] 张建民. 对围湖造田的历史考察 [J]. 农业考古, 1987 (1).

[69] 张凯. 亚马孙热带雨林发生森林大火 [J]. 生态经济, 2019, 35 (10).

[70] 张元. 重构自然与政治：论拉图尔的政治生态学 [J]. 自然辩证法通讯, 2020, 42 (1).

[71] 张卫, 王前. 技术"微观权力"的伦理意义 [J]. 哲学动态, 2015 (12).

[72] 张鹜, 李桂花. "人与自然是生命共同体"的承认逻辑：意蕴、困境及构建路径 [J]. 哈尔滨工业大学学报（社会科学版）, 2020, 22 (1).

[73] 赵乐静, 浦根祥. "给我一个实验室, 我能举起世界"：拉图尔《实验室生活》及《行动中的科学》简介 [J]. 自然辩证法通讯, 1993 (5).

[74] 钟晓林, 洪晓楠. 拉图尔行动本体论的哲学来源：从塞尔、德勒兹到怀特海 [J]. 广东社会科学, 2017 (1).

[75] 钟晓林, 洪晓楠. 拉图尔论"非现代性"的人与自然 [J]. 自然辩证法通讯, 2019, 41 (6).

[76] 左璜. "技术人造物"的本质回归：论拉图尔对技术本质观的批判与重构 [J]. 自然辩证法研究, 2014, 30 (6).

(四) 其他

[1] 贺建芹. 行动者的行动能力观念及其适当性反思 [D]. 青岛：山东大学, 2011.

[2] 于雪. 人机关系的机体哲学探析 [D]. 大连：大连理工大学, 2017.

[3] 赵万里. 建构论与科学知识的社会建构 [D]. 天津：南开大学, 2000.

[4] 卖专利, 不做手机的诺基亚这样挣钱 [N]. 科技日报, 2015-06-24 (6).

[5] 王青, 崔晓丹. 人与自然是共生共荣的生命共同体 [N]. 学习时报, 2018-05-16 (2).

[6] 雷建平. 专访 ofo 共享单车 CEO 戴威：创业初期没人看好, 还背了

600万债［EB/OL］. 猎云网，2016-10-11.

［7］2019年印度大选将成全球最贵选举，已超过美国大选［EB/OL］. 凤凰网，2019-03-12.

二、英文参考文献

（一）专著

［1］BARNES B. Interests and the Growth of Knowledge (RLE Social Theory)［M］. London：Routledge，2014.

［2］BIJKER W E. Shaping Technology/Building Society［M］. Cambridge：MIT Press，1992.

［3］BLOK A，JENSEN T E. Bruno Latour：Hybrid Thoughts in a Hybrid World［M］. London：Routledge，2011.

［4］CALLON M. The Sociology of an Actor-Network：The Case of the Electric Vehicle［M］//CALLON M，LAW J，RIP A. Mapping the Dynamics of Science and Technology. London：Palgrave Macmillan，1986.

［5］FISH S. Doing What Comes Naturally：Change，Rhetoric，and the Practice of Theory in Literary and Legal studies［M］. Durham：Duke University Press，1990.

［6］HARAWAY D. A Cyborg Manifesto：Science，Technology，and Socialist-Feminism in the Late Twentieth Century［M］//WEISS J，NOLAN J，HUNSINGER J，et al. The International Handbook of Virtual Learning Environments. Dordrecht：Springer，2006.

［7］HARMAN G. Prince of Networks：Bruno Latour and Metaphysics［M］. Melbourne：Re. Press，2009.

［8］HARMAN G. Bruno Latour：Reassembling the Political［M］. London：Pluto Press，2014.

［9］LATOUR B，HARMAN G，ERDÉLYI P. The Prince and the Wolf：Latour and Harman at the LSE［M］. Winchester：Zero Books，2011.

［10］LATOUR B，PORTER C. Facing Gaia. Eight Lectures on the New

Climatic Regime [M]. Cambridge: Polity Press, 2017.

[11] LATOUR B. Down to Earth: Politics in the New Climatic Regime [M]. Cambridge: Polity Press, 2018.

[12] LATOUR B. Gaia or Knowledge without Spheres [M]//SCHAFFER S, TRESCH J, GAGLIARDI P. Aesthetics of Universal Knowledge. New York: Palgrave Macmillan, 2017.

[13] LATOUR B. Pandora's Hope: Essays on the Reality of Science Studies [M]. Cambridge: Harvard University Press, 1999.

[14] LATOUR B. Politics of Nature: How to Bring the Sciences into Democracy [M]. Cambridge: Harvard University Press, 2004.

[15] LATOUR B. Reassembling the Social: An Introduction to Actor-Network-Theory [M]. New York: Oxford University Press, 2005.

[16] LATOUR B. We Have Never Been Modern [M]. Cambridge: Harvard University Press, 1993.

[17] PICKERING A. Science as Practice and Culture [M]. Chicago: University of Chicago Press, 1992.

[18] PICKERING A. The Mangle of Practice: Time, Agency and Science [M]. Chicago: University of Chicago Press, 2010.

[19] PLUMWOOD V. Feminism and the Mastery of Nature [M]. London: Routledge, 2002.

[20] RICHARDSON D, CASTREE N, GOODCHILKD M, et al. International Encyclopedia of Geography: People, the Earth, Environment and Technology [M]. Hoboken: John Wiley&Sons, 2017.

[21] SCHMIDGEN H. Bruno Latour in Pieces: An Intellectual Biography [M]. New York: Fordham University Press, 2014.

[22] STENGERS I. The Invention of Modern Science [M]. Minneapolis: University of Minnesota Press, 2000.

[23] TOUNG O R. Governing Complex Systems: Social Capital for the Anthropocene [M]. Cambridge: MIT Press, 2017.

[24] VERBEEK P-P. Moralizing Technology: Understanding and Designing

the Morality of Things [M]. Chicago: University of Chicago Press, 2011.

[25] VERBEEK P-P. What Things Do: Philosophical Reflections on Technology, Agency, and Design [M]. State College: The Pennsylvania State University Press, 2005.

[26] WATKIN C. French Philosophy Today: New Figures of the Human in Badiou, Meillassoux, Malabou, Serres and Latour [M]. Edinburgh: Edinburgh University Press, 2016.

[27] WHITESIDE K H. Divided Natures: French Contributions to Political Ecology [M]. Cambridge: MIT Press, 2002.

（二）期刊

[1] BRAUN B. Environmental Issues: Inventive Life [J]. Progress in Human Geography, 2008, 32 (5).

[2] CALLON M. Some Elements of a Sociology of Translation: Domestication of the Scallops and the Fishermen of St Brieuc Bay [J]. The Sociological Review, 1984, 32 (1).

[3] CALLON M. Struggles and Negotiations to Define What Is Problematic and What Is Not: The Sociologic of Translation [J]. The Social Process of Scientific Investigation, 1980.

[4] CALLON M. Techno-Economic Networks and Irreversibility [J]. The Sociological Review, 1990, 38 (1).

[5] CASTREE N. A Post-Environmental Ethics? [J]. Ethics Place & Environment, 2010, 6 (1).

[6] CHAKRABARTY D. The Climate of History: Four Theses [J]. Critical Inquiry, 2009, 35 (2).

[7] CHARLSON R J, LOVELOCK J E, ANDREAE M O, et al. Oceanic Phytoplankton, Atmospheric Sulphur, Cloud Albedo and Climate [J]. Nature, 1987, 326.

[8] DUSEK V. Philosophy of Technology: An Introduction [J]. Journal of the British Society for Phenomenology, 2006, 39 (3).

[9] ELAM M. Living Dangerously with Bruno Latour in a Hybrid World

[J]. Theory, Culture and Society, 1999, 16 (4).

[10] ELDER-VASS D. Searching for Realism, Structure and Agency in Actor Network Theory [J]. British Journal of Sociology, 2008, 59 (3).

[11] GARFIELD E P. The Exquisite Cadaver of Surrealism [J]. Review: Literature and Arts of the Americas, 1972, 6 (7).

[12] GUGGENHEIM M, POTTHAST J. Symmetrical Twins: On the Relationship between Actor-Network Theory and the Sociology of Critical Capacities [J]. European Journal of Social Theory, 2012, 15 (2).

[13] HAFF P. Being Human in the Anthropocene [J]. The Anthropocene Review, 2017, 4 (2).

[14] HAFF P. Technology as a Geological Phenomenon: Implications for Human Well-Being [J]. Geological Society London Special Publications, 2013, 395 (1).

[15] HEEKS R, STANFORTH C. Technological Change in Developing Countries: Opening the Black Box of Process Using Actor-Network Theory [J]. Development Studies Research, 2015, 2 (1).

[16] HORNBORG A. Artifacts Have Consequences, Not Agency: Toward a Critical Theory of Global Environmental History [J]. European Journal of Social Theory, 2016, 20 (1).

[17] HORNBORG A. Technology as Fetish: Marx, Latour, and the Cultural Foundations of Capitalism [J]. Theory, Culture & Society, 2014, 31 (4).

[18] JONES M P. Posthuman Agency: Between Theoretical Traditions [J]. Sociological Theory, 1996, 14 (3).

[19] KEELING P M. Does the Idea of Wilderness Need a Defence? [J]. Environmental Values, 2008, 17 (4).

[20] KOCHAN J. Latour's Heidegger [J]. Social Studies of Science, 2010, 40 (4).

[21] LATOUR B, GODMER L, SMADJA D. The Work of Bruno Latour: Exegetical Political Thinking [J]. Raisons Politiques, 2012, 47 (2/3).

[22] LATOUR B, LENTON T M. Extending the Domain of Freedom, or Why

175

Gaia is So Hard to Understand [J]. Critical Inquiry, 2019, 45 (3).

[23] LATOUR B. Gaia 2.0: Could Humans Add Some Level of Self-Awareness to Earth's Self-Regulation [J]. Science, 2018, 361 (6407).

[24] LATOUR B. How to Talk About the Body? [J]. Body & Society, 2004, 10 (2-3).

[25] LATOUR B. Morality and Technology: The End of the Means [J]. Theory, Culture & Society, 2002, 19 (5-6).

[26] LATOUR B. On Actor-Network Theory: A Few Clarifications [J]. Soziale welt-Zeitschrift Für Sozialwissenschaftliche Forschung Und Praxis, 1996, 47 (4).

[27] LATOUR B. On Technical Mediation: Philosophy, Sociology, Genealogy [J]. Common Knowledge, 1994, 3 (2).

[28] LATOUR B. Technology is Society Made Durable [J]. The Sociological Review, 1990, 38 (S1).

[29] LAW J. On the Methods of Long-Distance Control: Vessels, Navigation and the Portuguese Route to India [J]. The Sociological Review, 1984, 32 (S1).

[30] LEE K. Awe and Humility: Intrinsic Value in Nature [J]. Royal Institute of Philosophy Supplement, 1994 (36).

[31] LORIMER J. Nonhuman Charisma [J]. Environment and Planning D: Society and Space, 2007, 25 (5).

[32] MALLAVARAPU S, PRASAD A. Facts, Fetishes, and the Parliament of Things: Is There any Space for Critique? [J]. Social Epistemology, 2006, 20 (2).

[33] MÜTZEL S. Networks as Culturally Constituted Processes: A Comparison of Relational Sociology and Actor-Network Theory [J]. Current Sociology, 2009, 57 (6).

[34] MURDOCH J. Inhuman/Nonhuman/Human: Actor-Network Theory and the Prospects for a Nondualistic and Symmetrical Perspective on Nature and Society [J]. Environment and planning D: Society and Space, 1997, 15 (6).

[35] MURDOCH J. The Spaces of Actor-Network Theory [J]. Geoforum, 1998, 29 (4).

[36] NYSTRÖM M, JOUFFRAY J-B, NORSTRÖM A V, et al. Anatomy and Resilience of the Global Production Ecosystem [J]. Nature, 2019, 575.

[37] PELS D. The Politics of Symmetry [J]. Social Studies of Science, 1996, 26 (2).

[38] ROOKE C N, ROOKE J A. An Introduction to Unique Adequacy [J]. Nurse Researcher, 2015, 22 (6).

[39] SAYES E. Actor-Network Theory and Methodology: Just What Does It Mean to Say That Nonhumans Have Agency? [J]. Social Studies of Science, 2014, 44 (1).

[40] SCHAFFER S, LATOUR B. The Eighteenth Brumaire of Bruno Latour [J]. Studies in History and Philosophy of Science, 1991, 22 (1).

[41] SCHMIDT J. The Moral Geography of the Earth System [J]. Transactions of the Institute of British Geographers, 2019, 44 (4).

[42] SHIM Y, SHIN D-H. Analyzing China's Fintech Industry from the Perspective of Actor-Network Theory [J]. Telecommunications Policy, 2016, 40 (2-3).

[43] SINGER P. Animal Liberation [J]. Philosophical Review, 1995, 86 (4).

[44] SOMERVILLE I. Agency versus Identity: Actor-Network Theory Meets Public Relations [J]. Corporate Communications: An International Journal, 1999, 4 (1).

[45] STAR S L. Power, Technology and the Phenomenology of Conventions: On Being Allergic to Onions [J]. The Sociological Review, 1990, 38 (1).

[46] VENTURINI T. Diving in Magma: How to Explore Controversies with Actor-Network Theory [J]. Public Understanding of Science, 2010, 19 (3).

[47] WALSHAM G. Actor-Network Theory and IS Research: Current Status and Future Prospects [J]. Information Systems and Qualitative Research, 1997, 3 (5).

[48] WATSON A J, LOVELOCK J E. Biological Homeostasis of the Global Environment: The Parable of Daisyworld [J]. Tellus B: Chemical and Physical Meteorology, 1983, 35 (4).

[49] WHATMORE S, THORNE L. Elephants on the Move: Spatial Formations of Wildlife Exchange [J]. Environment and Planning D: Society and Space, 2000, 18 (2).

[50] WHITE H. Materiality, Form, and Context: Marx contra Latour [J]. Victorian Studies, 2013, 55 (4).

[51] WHITTLE A, SPICER A. Is Actor Network Theory Critique? [J]. Organization Studies, 2008, 29 (4).

(三) 其他

[1] CETINA K K, CICOUREL A V. Unscrewing the Big Leviathan: How Actors Macro-Structure Reality and How Sociologists Help Them to Do So [C] // Advances in Social Theory and Methodology: Toward an Integration of Micro-and Macro-Sociologies. London: Routledge and Kegan Paul, 1981.

[2] GRIMWOOD B, HENDERSON B. Inviting Conversations about 'Friluftsliv' and Relational Geographic Thinking [C] //Proceedings from Ibsen Jubliee Friluftsliv Conference. Trøndelag: North Trøndelag University College, 2009.

[3] HERRMANN-PILLATH C. On the Art of Co-Creation: A Contribution to the Philosophy of Ecological Economics [Z]. ESEE, 2019.

[4] LAFOLLETTE H. International Encyclopedia of Ethics [C]. Malden: Wiley-Blackwell, 2013.

[5] LATOUR B. We Don't Seem to Live on the Same Planet [EB/OL]. Bruno Latour, 2019-01-28.

[6] LATOUR B. Les Microbes: Guerre et Paix, Suivi de Irréductions [EB/OL]. Bruno Latour, 2001-01-01.

后　记

五年前，在党校工作的我遇到了事业上的瓶颈，虽然讲课反馈好，但是还有很多薄弱环节。科研上也遇到诸多苦难，研究缺乏方向和兴趣，即使找到好的题材也不知道如何把它做得更好。面对这些瓶颈，我毅然放弃了这份别人看来安稳的工作去读博士。五年过去了，我的心血凝结成这份博士论文。虽然有不足，但是对自己有一个比较满意的交代。

在此，首先感谢我的恩师王前教授。四年前在我求学问路时，王前老师收留我作为他的弟子，帮我克服了不少学术上的毛病。从学术上的基本格式规范到研究思路突破，王老师可以说是贯彻到底丝毫不放松。没有这种严格的学术训练，我的学术水平是不可能得到提高的。最难得的是，王老师一直提倡"中西对话"而非"摘抄经典"或简单的"学术引进"，这种作风让我初步养成了独立思考的习惯。此外，王老师虽然学术上很严格，但是生活上十分随和，这种长者的风度让我如沐春风。

其次，还要感谢攻读学位期间给予我关怀和支持的哲学系各位老师：李伦教授、王子彦教授、周文杰教授、陈高华教授、秦明利教授、王慧莉教授、徐强副教授、于雪副教授、姜含琪老师等。他们不仅在课堂上带来丰富前沿的学科知识，而且对我博士论文的指点和推进令我铭记在心。

再次，我要感谢我的家人。几年前，我的妻子周亚玲女士支持我读博士完成自己的梦想，家务和照料孩子的重担主要都落在她的身上，这种成全是我应该好好珍惜和感谢的。我的母亲王焕英女士在我孩子出生时一直陪伴照料，这份恩情我会永远铭记。还有我"80后"的爷爷奶奶也一直支持和鼓励我，我的姑姑和姑父也一直在生活上照顾我的家庭，完成学业后的我在今后的日子里会努力回馈这个温馨的大家庭。

  最后，要感谢在生活中和学术上给我帮助的朋友。一是感谢学术益友"双磊"。我的师兄兼大工老师李磊这几年在学术上给予我不少帮助，他帮助我从外文文献"小白"成长为外文引用"白银斗士"，他的学术功底让我叹服；我以前的本科同学兼大工老师王磊，他平易近人的待人之道，孜孜不倦的学术追求值得我认真学习，每次和他谈话都能让我学到不少。二是感谢同门和伙伴。感谢晏萍老师、侯茂鑫、刘洪佐、张鹏举、于晶、杨阳、梁晗、曹昕怡等在我学习生活中给予的帮助和鼓励，也感谢这一路相遇相识的所有同学，感谢大家的关心与照顾。